Geologisches Landesamt Nordrhein-Westfalen

Den - A - IX - 3 - 230

MB - I

LD - II

G. Michel · U. Adams · G. Schollmayer

Mineral- und Heilwässervorkommen in Nordrhein-Westfalen und angrenzenden Gebieten

Mit 16 Abbildungen, 11 Tabellen und
1 Karte in der Anlage

Geologisches Landesamt Nordrhein-Westfalen

Krefeld 1998

© 1998 Geologisches Landesamt Nordrhein-Westfalen
Postfach 10 80 · D-47710 Krefeld

Autoren:
Ulrich Adams und Dipl.-Geol. Dr. Georg Schollmayer
Geologisches Landesamt Nordrhein-Westfalen
De-Greiff-Straße 195 · D-47803 Krefeld

Dipl.-Geol. Prof. Dr.-Ing. Gert Michel
Postfach 12 35 · D-29446 Dannenberg (Elbe)

Redaktion:
Dipl.-Geol. Dr. Arnold Gawlik

Druck: Weiler GmbH & Co KG · Krefeld
Printed in Germany/Imprimé en Allemagne

ISBN 3-86029-930-1

Inhaltsverzeichnis

Verzeichnis der Abbildungen

Verzeichnis der hydrochemischen Tabellen

Vorbemerkungen

Vor rund 40 Jahren veröffentlichte KARL FRICKE im Geologischen Jahrbuch eine chemisch-geologische Karte der Mineralquellen Nordrhein-Westfalens im Maßstab 1 : 500 000 mit einer kurzen Erläuterung (FRICKE 1955). Fast zeitgleich erschien seine Arbeit über die Entstehung, Beschaffenheit und räumliche Verbreitung der Heil- und Mineralquellen Nordrhein-Westfalens (FRICKE 1954).

Chemische Analysen dieser besonderen Grundwässer können dem „Ratgeber für den Arzt" über Heilkuren in Nordrhein-Westfalen entnommen werden, dessen 4. Auflage aus dem Jahre 1976 stammt (MIELKE & LINCKE 1976). Dieser Ratgeber liegt nunmehr in geändertem Layout wieder vor (Nordrhein-Westfälischer Heilbäderverband 1993/94).

Über die Mineral- und Heilwässer in Nordrhein-Westfalen sind in den letzten 40 Jahren zahlreiche Einzelarbeiten erschienen (vgl. MICHEL & ADAMS & SCHOLLMAYER 1996); zwei Bücher über die Vorkommen in Ostwestfalen haben überregionale und methodische Bedeutung (DIENEMANN & FRICKE 1961, Geologisches Landesamt Nordrhein-Westfalen 1977). Eine Monographie der Mineral- und Heilwässer Nordrhein-Westfalens steht jedoch aus. Deshalb wird anhand einer Übersichtskarte und hydrochemischer Tabellen ein Resümee über rund 40 Jahre praktischer und wissenschaftlicher Tätigkeit auf diesem Arbeitsgebiet gegeben. Form und Gestaltung sind an die von BERNWARD HÖLTING (1985) bearbeitete Karte der Mineral- und Heilwasservorkommen in Hessen im Maßstab 1 : 300 000 angelehnt. Um jedoch die nordrhein-westfälische Mineralquellenkarte mit den Karten Geologie (1976) und Hydrogeologie (1978) des Deutschen Planungsatlas direkt vergleichbar zu machen, wurde der Maßstab 1 : 500 000 gewählt.

Nomenklatur

Aus naturwissenschaftlicher Sicht ist Mineralwasser ein Grundwasser mit einem Mindestgehalt von 1 000 mg/l gelösten Mineralstoffen. Hierzu ist zu bemerken, daß in Angleichung an die übrigen Wasseranalysen die Massenkonzentration erst neuerdings in mg/l angegeben wird und nicht mehr in mg/kg.

Für die balneologische Bewertung gelten die „Begriffsbestimmungen für Kurorte, Erholungsorte und Heilbrunnen" (Deutscher Bäderverband & Deutscher Fremdenverkehrsverband 1991). Auch dort ist für ein natürliches Heilwasser der Grenzwert von 1 000 mg/l gültig, welcher bereits 1911 in den Bad Nauheimer Beschlüssen festgelegt worden ist. Für ein arzneimittelrechtlich abgesichertes Heilwasser sind jedoch die klinisch erprobten balneotherapeutischen Eigenschaften die wesentliche Voraussetzung, und es ist nicht mehr der Grenzwert von 1 000 mg/l. Daraus ergibt sich, daß ein Mineralwasser zwar ein Heilwasser sein kann, ein Heilwasser jedoch nicht unbedingt auch ein Mineralwasser zu sein braucht. Als Heilquelle wird ein natürlich zutage tretendes oder künstlich erschlossenes Heilwasser und/oder Heilgas und seine Fassungsanlage bezeichnet.

Für die Nutzung des in Flaschen abgefüllten Mineralwassers galt ab 12. November 1934 die sog. Tafelwasserverordnung, der ebenfalls der untere Grenzwert von 1 000 mg/l zugrunde lag. 1980 wurde in Brüssel für den EU-Bereich eine „Richtlinie für Mineralwasser" beschlossen, die am 1. August 1984 in deutsches Recht übertragen wurde. Für diese „Verordnung über natürliches Mineralwasser, Quellwasser und Tafelwasser" (Mineral- und Tafelwasserverordnung, MTV) gilt ab 1. Januar 1991 die Fassung vom 5. Dezember 1990 (BGBl. I S. 2 600), zuletzt geändert durch Artikel 26 des EWR-Ausführungsgesetzes vom 27. April 1993 (BGBl. I S. 527). Mit Rücksicht auf die EU ist für das Lebensmittel „natürliches Mineralwasser" die 1 000-mg/l-Grenze wegge-fallen. Die Einzeldefinitionen sind aus naturwissenschaftlicher Sicht weniger präzise gehalten.

Die Abwertung des Mineralwasser-Begriffs wird von Hydrogeologen als wenig glück-lich empfunden. HÖLTING (1996 a: 304) bemerkt zu Recht, daß Mineralwasser neuerer Definition geohydrochemisch nichts Besonderes darstellt, solches alter Definition aber nicht gleich Heilwasser ist. Ein einprägsamer Ersatzbegriff für das klassische „Mineralwasser" fehlt jedoch bislang. Hier sind die Schwierigkeiten zu sehen, eine nach allen Seiten ausgewogene Mineralquellenkarte vorzulegen.

Für die Kennzeichnung von Heilwasser und natürlichem Mineralwasser mit einem Inhalt von mindestens 1 000 mg/l gelöster Mineralstoffe werden alle Ionen einer Wasseranalyse herangezogen, deren Gehalte mindestens 20 Äquivalentprozente (meq-%) betragen, und zwar in der Reihenfolge Kationen – Anionen nach abnehmenden Gehalten, zuerst die Ionen höchster, dann die Ionen niedrigerer Konzentration. In der Klassifizierung werden die Kationen Natrium (Na^+), Kalium (K^+), Magnesium (Mg^{2+}), Calcium (Ca^{2+}) und die Anionen Chlorid (Cl^-), Sulfat (SO_4^{2-}) und Hydrogencarbonat (HCO_3^-) berücksichtigt. Ferner werden adjektivisch zu den Artbezeichnungen solche Ionen gesetzt, die zwar die 20-meq-%-Grenze nicht erreichen, medizinisch jedoch beson-ders wirksam sind, wenn die folgenden Grenzwerte erreicht oder überschritten werden:

eisenhaltige Wässer	≥	20 mg/l Eisen (früher 10 mg/kg)
iodidhaltige Wässer	≥	1 mg/l Iodid
schwefelhaltige Wässer	≥	1 mg/l Sulfidschwefel
radonhaltige Wässer	≥	666 Becquerel/Liter Radon (Rn) [= 18 nCurie/l]
fluoridhaltige Wässer	≥	1 mg/l Fluorid
kohlensäurehaltige Wässer oder Säuerlinge	≥	1 000 mg/l freies gelöstes Kohlenstoffdioxid

Wässer, die in einem Liter Wasser mindestens 14 g Kochsalz (5,5 g Na^+ und 8,5 g Cl^-) enthalten, können konventionell die Bezeichnung S o l e führen. Ein T h e r m a l w a s s e r soll wärmer als 20 °C sein.

Natürliche Mineralwässer mit einem Lösungsinhalt unter 1 000 mg/l müssen beson-dere ernährungsphysiologische Anforderungen erfüllen, die in der Anlage 4 zu § 9 Abs. 3 der MTV festgeschrieben sind. Dort werden natürliche Mineralwässer mit einem „gerin-gen Gehalt an Mineralien" (< 500 mg/l) und einem „sehr geringen Gehalt an Mineralien" (< 50 mg/l) unterschieden.

Darstellung und Methodik

Auf der Karte sind die Mineral- und Heilquellen in Nordrhein-Westfalen und eine Auswahl in den angrenzenden Gebieten dargestellt. Sie wurden analog zu den Tabellen 1 – 11 durchnummeriert. Die Mineral- und Heilquellen sind jeweils in drei Kategorien unterteilt:

— balneologische Nutzung
— Abfüllung in Brunnenbetrieben
— sonstige Vorkommen

Die Analysen werden als Kreisdiagramme angegeben (UDLUFT 1953, 1957). Der optische Vergleich erfordert bei allen Kreisdarstellungen, daß im allgemeinen der Flächeninhalt des Kreises in mm^2 proportional zur Konzentration in mg/l gewählt wird. Aus Gründen der Übersichtlichkeit werden in vorliegender Karte jedoch nur drei Kreisgrößen verwendet, welche folgende Konzentrationsbereiche repräsentieren:

— kleiner Kreis: < 1 000 mg/l
— mittlerer Kreis: 1 000 – 14 000 mg/l
— großer Kreis: > 14 000 mg/l (Sole)

Im oberen Halbkreis werden die Kationen, im unteren Halbkreis die Anionen aufgetragen, wobei die Größe der einzelnen Kreisabschnitte den prozentualen Anteil des jeweiligen Ions (in meq-%) wiedergibt. Der kleinste Kreisausschnitt, der noch darstellbar ist, weist einen Winkel von 4 gon auf, was einer Konzentration von 2 meq-% entspricht (Vollkreis 400 Neugrade = 400 gon). Durch farbige Innenkreise werden Zusatzinformationen gegeben: Thermalquellen (> 20 °C) werden rot, Säuerlinge (≥ 1 000 mg/l CO$_2$) blau gekennzeichnet. Durch Einschreibungen am Rand werden zusätzlich charakteristische Spurenstoffe angegeben.

Wässer mit einer Konzentration von über 1 000 mg/l, für welche keine vollständigen Analysen vorliegen, werden als mittelgroßer Kreis nur in der Farbe ihrer Anionen-Vormacht wiedergegeben. Ungenutzte und versiegte Vorkommen mit einem Gehalt an gelösten Mineralstoffen von weniger als 1 000 mg/l sowie genutzte Wässer mit geringer Mineralisation werden lediglich als Kreise in der Farbe ihrer dominierenden Anionen dargestellt, zum Beispiel bei Natrium-Chlorid-Vormacht grün, bei Erdalkali-Hydrogencarbonat-Vormacht blau.

Sind an einem Ort auf kleinstem Raum mehrere Heil- oder Mineralquellen vorhanden, wird in der Kartendarstellung eine repräsentative Auslese getroffen.

Geographischer und geologischer Überblick

Mittelgebirgslandschaften und Tieflandbereiche kennzeichnen das Blattgebiet gleichermaßen. Den Südteil nimmt das Rheinische Schiefergebirge ein. Der Rheinstrom teilt es in zwei ungleich große Teile. Linksrheinisch liegt die E i f e l (Basaltkuppe Hohe

Acht + 747 m NN) mit dem Hohen Venn (Botrange + 700 m NN), rechtsrheinisch Bergisches Land und Sauerland (Langenberg im Rothaargebirge + 843 m NN). Ostwestfalen-Lippe wird geprägt durch das Weserbergland mit dem Köterberg als höchster Erhebung (+ 496 m NN). Die Nordbegrenzung dieses typischen Mittelgebirges bilden Weser- und Wiehengebirge, welche in der Porta Westfalica durch die Weser voneinander getrennt sind. Teutoburger Wald und Nordabfall des Sauerlandes schließen das Münsterland, geologisch als Münsterländer Kreide-Becken bezeichnet, als weite, flachhügelige Landschaft ein (Baumberge im Nordwesten + 187 m NN, Kleiner Berg + 208 m NN im Nordosten). Südlich davon liegt das Ruhrgebiet. Im Südwesten stößt die Niederrheinische Bucht bis ins Rheinische Schiefergebirge vor und setzt sich über das Niederrheinische Tiefland in die östlichen Niederlande fort.

Der beherrschende Vorfluter im Westen ist der Rhein mit den wichtigsten rechten Nebenflüssen Lahn, Sieg, Wupper, Ruhr und Lippe. Linksrheinisch tritt die Mosel kurz vor ihrer Mündung bei Koblenz ins Blattgebiet ein. Es folgen die Ahr und die bei Neuss mündende Erft. Den westlichen Randbereich entwässert die Maas mit ihren Nebenflüssen Rur und Niers. Als zweitgrößtes Stromgebiet entwässert den Ostteil des Blattgebiets die Weser mit ihren Nebenflüssen Eder, Diemel, Emmer und Werre. Die Ems bildet den Vorfluter des nördlichen Münsterlandes.

Politisch grenzt das rund 34 000 km² große Bundesland Nordrhein-Westfalen im Westen an Belgien und die Niederlande, im Norden und Nordosten an Niedersachsen, im Südosten an Hessen und im Süden an Rheinland-Pfalz.

Der heutige geologische Bau ist das Ergebnis der variscischen Gebirgsbildung und jüngerer Einengungs- und Zerrungsvorgänge. Die natürliche Oberflächengestalt erhielt ihre heutige Form erst durch die quartären Vereisungen.

Das Rheinische Schiefergebirge ist gemeinsam mit den Ardennen eine Großscholle einheitlicher Entstehung. Die in einem Meeresbecken (Rheinischer Trog) abgelagerten Gesteine wurden im Verlauf der variscischen Gebirgsbildung gefaltet und geschiefert. Östlich des Rheins gehört zu diesem konsolidierten Block noch der Untergrund des Münsterländer Kreide-Beckens, der sich in der jüngeren Erdgeschichte in etwa so starr verhielt wie das südlich zutage tretende Schiefergebirge. Beide zusammen bilden die Rheinische Masse. Nördlich davon erstreckt sich bis in die Nordsee die große Senkungszone des Niedersächsischen Beckens mit ihren mächtigen Salzlagern im Zechstein, Röt, Mittleren Muschelkalk und Malm. Im Westen schließt das Niederländisch-Niederrheinische Tiefland an mit mächtigen Ablagerungen tertiärer Sande und Braunkohlenflöze. Östlich des Schiefergebirges erstreckt sich die Hessische Senke mit tertiären Vulkaniten.

Vertiefende geologische Informationen enthalten die Textbeilage zur Karte „Geologie" (1976) des Deutschen Planungsatlas, die „Geologie Nordrhein-Westfalens" (HESEMANN 1975), die Regionalbeschreibungen „Geologie am Niederrhein" (Geologisches Landesamt Nordrhein-Westfalen 1988) und „Geologie im Münsterland" (Geologisches Landesamt Nordrhein-Westfalen 1995) sowie die 20 Erläuterungshefte zu den Kartenblättern der Geologischen Karte von Nordrhein-Westfalen 1 : 100 000, deren namengebende Orte in der Karte (in der Anl.) vermerkt sind.

Entstehung der Mineral- und Heilwässer

Bei der Vielfalt der Komponenten, welche die Mineral- und Heilwässer charakterisieren, interessiert vor allem die Frage nach der Herkunft der verschiedenen gelösten Salze und Gase und nach dem Ursprung der Temperatur. Das Wasser ist Transportmittel und chemisches Reagenz zugleich. Letztlich stammt das Wasser aus den Niederschlägen, ist somit vadosen (lat. vadosus, seicht) bzw. meteorischen Ursprungs. Das Wasser versickert im Untergrund und findet Mittel und Wege, Mineralstoffe aufzunehmen, wobei der Faktor Zeit eine wesentliche Rolle spielt. Das Wasser tritt mit den Mineralen der Gesteine über Poren, Störungsflächen, Risse, Klüfte und Spalten in Kontakt. Der stoffliche Übergang vom Gestein in das Wasser ist von mehreren Faktoren abhängig, vor allem von der Löslichkeit. Bezüglich ihrer Löslichkeit sind die Gesteine in zwei Gruppen einzustufen: Sie werden entweder zersetzt, oder sie werden völlig aufgelöst. Die Zersetzung der Minerale unter dem Einfluß von Hydronium-Ionen (H_3O^+, H^+) und Hydroxid-Ionen (OH^-) wird als Hydrolyse bezeichnet und betrifft die Silikatgesteine. Dieser Vorgang spielt bei den nordrhein-westfälischen Mineralwässern keine wesentliche Rolle und braucht deshalb nicht weiter erörtert zu werden.

Die Auflösung der Minerale erfolgt durch das Wassermolekül aufgrund seiner Dipoleigenschaften. Dabei werden die Minerale elektrolytisch in Kationen und Anionen zerlegt. Die Abbildung 1 veranschaulicht die Wechselbeziehungen zwischen geologischem Bau, der Gesteinsbeschaffenheit und dem Charakter der sich bildenden Mineralwässer. In Kalkgesteinen herrschen Calcium-Hydrogencarbonat-Wässer vor, in

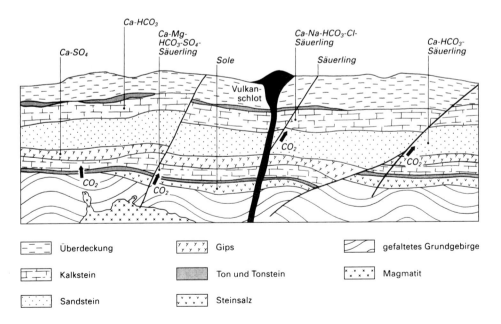

Abb. 1   Enstehung von natürlichen Mineral- und Heilwässern (MICHEL 1994 a)

Dolomitgesteinen Calcium-Magnesium-Hydrogencarbonat-Wässer, in Gipsgesteinen Calcium-Sulfat-Wässer. Wässer, die im Kontakt mit Steinsalz stehen oder gestanden haben, sind in der Regel hochprozentige Solen. Bei Mischungsvorgängen der Sole mit Süßwasser entwickeln sich Natrium-Chlorid-Wässer.

In vielen Fällen tritt der Einfluß juveniler Kohlensäure (lat. juvenilis, jugendfrisch) hinzu, zum Beispiel in Ostwestfalen und in der Eifel. Dieses gasförmige Kohlenstoffdioxid (CO_2) löst sich im Wasser entsprechend seinem Partialdruck als H_2CO_3 (Kohlensäure) und dissoziiert. Das dabei entstehende Hydronium-Ion ist das eigentliche Lösungsagens, vor allem für Karbonatgesteine. Gasförmige Kohlenstoffdioxid-Austritte, auf Störungen aufsteigend oder erbohrt, werden als Mofetten (ital. mofeta, Ausdünstung) bezeichnet.

Die Temperatur des Wassers wird durch Wärmezufuhr aus der Erdkruste bestimmt. Als Richtwert gilt eine Temperaturzunahme von rund 3 °C pro 100 m Tiefe. Sie wird als geothermische Tiefenstufe bezeichnet.

Mineralwasserprovinzen

Unter einer Mineralwasserprovinz wird ein geologisches Bauelement mit jeweils typischen Mineralwasser-Vorkommen verstanden. Es liegt jedoch in der Natur der Dinge, daß in den Randbereichen durch langdauernde und komplizierte Zirkulationen, Migrationen und Ionenaustauschvorgänge stoffliche Überschneidungen nicht ausgeschlossen werden können.

Der chemische Charakter der Mineral- und Heilwässer eines Gebiets ist ebenso wie sein heutiger geologischer Bau das Ergebnis seiner wechselvollen Entwicklung. In Nordrhein-Westfalen können als Ergebnis solchen geologischen Geschehens sechs Bauelemente unterschieden werden: Linksrheinisches Schiefergebirge (Eifel), Rechtsrheinisches Schiefergebirge (Sauerland und Bergisches Land), Ostwestfalen-Lippe, Münsterland, Ruhrgebiet und Niederrheinische Bucht. Jedem dieser Bauelemente entspricht eine charakteristische Mineralwasserprovinz.

Die Mineralwasserprovinzen Nordrhein-Westfalens werden in der Reihenfolge Eifel, Sauerland und Bergisches Land, Ostwestfalen-Lippe, Münsterland, Ruhrgebiet und Niederrheinische Bucht kurz vorgestellt. Details über die Einzelvorkommen können den Tabellen 1 – 6 (S. 34 – 59) entnommen werden.

Es liegt nahe, daß die Mineralwasserprovinzen verschiedenartig sind. So ist der Nordteil der Eifel, wenn man von Aachen absieht, arm an Mineralwässern. Im Sauerland und Bergischen Land treten nur in deren nördlichen Randbereichen schwach salinare Wässer auf. Ostwestfalen-Lippe ist wegen seines vielgestaltigen geologischen Untergrundes die bunteste Mineralwasserprovinz des Landes. Das Münsterland mit seinem Sole-Vorkommen ist die größte einheitliche Mineralwasserprovinz Mitteleuropas. Das durch Industrialisierung stark belastete Ruhrgebiet nimmt mit seinen versalzten Tiefenwasser-Vorkommen in den Steinkohlenzechen eine gewisse Sonderstellung ein. In der Niederrheinischen Bucht wird Mineralwasser wegen der mächtigen Überdeckung durch geologisch junge Sedimente erst in größerer Tiefe angetroffen.

Naturgemäß können Mineralwasserprovinzen nicht an Landesgrenzen enden. Deshalb wurden bei den Kurzbeschreibungen auch die benachbarten Länder miteinbezogen. Für die tabellarische Zusammenstellung wurde jedoch anders verfahren. Eine Auswahl der wichtigsten Einzelvorkommen in den angrenzenden drei Bundesländern Hessen, Niedersachsen und Rheinland-Pfalz sowie den westlichen Anrainerstaaten Belgien und Niederlande sind in den Tabellen 7 – 11 (S. 60 – 69) separat aufgeführt.

Eifel

Die Eifel und die Ardennen sind ein geologisch altes, konsolidiertes Gebirge. Dort gibt es rund 150 gefaßte Mineral- und Thermalwasser-Vorkommen, von denen jedoch nur ein kleiner Teil auf dem Blattgebiet liegt (Fremdenverkehrs- und Heilbäderverband Rheinland-Pfalz 1991, HEYL 1972, HOHBERGER 1996, LANGGUTH & PLUM 1984, MAY & HOERNES & NEUGEBAUER 1996, PLUM 1989).

Es können vier Mineralwasser-Subprovinzen unterschieden werden. Im Westen liegt die Subprovinz „Hohes Venn – Ardennen" mit ihren vorwiegend mineralarmen Wässern, zum Beispiel in Malmedy und Spa. Die Subprovinzen „Osteifel – Rheintal" im Osten und „Westeifel – Moseltal" im Süden erstrecken sich über rheinland-pfälzisches Gebiet und zeigen durch ihren Kohlensäure-Reichtum eine enge räumliche und genetische Beziehung zum tertiären und quartären Vulkanismus. Als Repräsentanten werden Bad Bodendorf, Bad Neuenahr, Brohl und Bad Tönisstein genannt. Im Umfeld dieser zum Teil sehr bekannten Badeorte steigen im geschieferten Untergrund die kohlensäurehaltigen thermalen Mineralwässer auf tiefreichenden Störungs- und Kluftzonen auf und werden durch Bohrungen erschlossen.

Die vierte Subprovinz ist im Stadtgebiet von Aachen ausgebildet (BREDDIN 1963; HERCH 1995; LANGGUTH & SCHLOEMER & SCHULZ 1978; MICHEL 1992; POMMERENING 1993, 1995). Die dort austretenden Thermalquellen sind eines der interessantesten hydrogeologischen Phänomene Europas. Der nordwestlich des Venn-Antiklinoriums typische Südwest – Nordost streichende Schuppenbau hat dort zwei geologische Sättel zur Unkenntlichkeit deformiert. Ihre Nordwestflügel sind an den südöstlich einfallenden Überschiebungen unterdrückt, und es sind nur die südöstlichen Sattelflanken ausgebildet. Auf diesen sind die Thermalquellen perlschnurartig aufgereiht. Hydrochemisch handelt es sich um schwach mineralisierte Natrium-Chlorid-Hydrogencarbonat-Wässer mit einem Sulfat-Gehalt von knapp 300 mg/l. Die Temperaturen betragen über 50 °C; die Landesbad-Quelle erreicht sogar 72,2 °C.

Für die Enstehung dieser bemerkenswerten natürlichen heißen Quellen hat HANS BREDDIN (1963) ein plausibles, einfaches Modell entwickelt (Abb. 2), dessen Prinzip durch die Untersuchungen von POMMERENING (1993, 1995) untermauert worden ist. In einer mehrfach verschuppten Muldenstruktur hat sich in mittel- bis oberdevonischen Kalksteinen ein bis wahrscheinlich 4 000 m Tiefe reichendes siphonartiges Zirku-

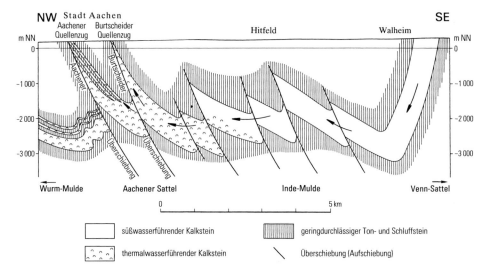

Abb. 2 Schematischer Schnitt zur Veranschaulichung der Entstehung der Aachener Thermalquellen (verändert nach BREDDIN 1963)

lationssystem entwickelt. Das in früheren geologischen Perioden in diesem System eingeschlossene alte (fossile) Wasser fließt gemeinsam mit jüngerem Wasser seit der quartärzeitlichen Erosion der abdichtenden Deckschichten frei aus. Die Niveaudifferenz zwischen dem Grundwassserspiegel im südwestlich gelegenen Bildungsgebiet und den Quellaustritten im Stadtgebiet von Aachen beträgt immerhin 70 – 80 m, so daß die Fließdynamik verständlich wird.

Die hohe Temperatur der Mineralwässer wird allein durch die normale geothermische Tiefenstufe von 3 °C pro 100 m Erdtiefe erklärt. Der höhere Schwefelwasserstoff-Gehalt der innerstädtischen Thermen beruht auf dem hohen Schwefelkies-Gehalt des Nebengesteins, namentlich der den Kalkstein begleitenden Ton- und Schluffsteine und des Flaserkalksteins im Hangenden. Beim Durchfließen des Nebengesteins zersetzt das Thermalwasser den Schwefelkies, löst ihn auf und setzt unter Mitwirkung von schwefelreduzierenden Bakterien den Schwefelwasserstoff frei.

Sauerland und Bergisches Land

In der Mineralwasserprovinz Sauerland und Bergisches Land sind Mineralwässer rar. Lediglich in den nördlichen Randzonen sind in Warstein-Belecke und bei Werdohl an der Lenne (Michel 1983 a, 1983 b) schwach salinare Wässer bekannt. Im 17. und 18. Jahrhundert gab es in Werdohl eine Saline, die 1789 stillgelegt worden ist. Heute fehlt davon jede Spur. Auch bei Hattingen hat es noch im 19. Jahrhundert Solequellen gegeben Die Herkunft dieser Wässer ist umstritten. Wahrscheinlich stehen sie mit den Solen des Münsterlandes und Ruhrgebiets in irgendeiner Beziehung.

Eine weitere Mutmaßung liegt in der derzeit noch offenen Frage, ob in den altpaläozoischen Schichten des nördlichen Rheinischen Schiefergebirges nicht doch ein bisher unbekanntes Sole-Vorkommen — oder Reste davon — verborgen sein könnte. Das Salzwasser von Altena und die in Vergessenheit geratene Sole von Werdohl, 40 km vom Südrand des Ruhrgebiets entfernt, könnten dafür als Hinweis gedeutet werden. Immerhin sind in Belgien, nämlich aus der Bohrung St. Ghislain bei Mons, in der Borinage, über 500 m mächtige unterkarbonische Anhydrite bekannt geworden. Auch bei Maastricht sind in zwei Tiefbohrungen Anzeichen von bisher nicht für möglich gehaltenen altpaläozoischen Eindampfungsgesteinen gefunden worden.

Ein weiteres Problem sind die erhöhten Chlorid-Gehalte in den Karstwässern von Warstein und Brilon. Allein aus dem mitteldevonischen Warsteiner Massenkalk-Gebiet fließen jährlich über 20 Mio. m^3 Grundwasser aus mit Chlorid-Gehalten von 160 mg/l und mehr. Daraus errechnet sich eine Kochsalz-Menge von jährlich rund 5 000 Tonnen. Nördlich davon, im Möhnetal bei Warstein-Belecke, tritt im 33 m tiefen Kaiser-Heinrich-Brunnen ein Na-Cl-Wasser mit fast 3 000 mg/l Chlorid auf (CLAUSEN 1984, CLAUSEN & KOCH 1981, FRICKE 1967), und ein Steinbruchsee von mindestens 170 000 m^3 Inhalt enthält ein 0,3%iges Na-Cl-Wasser (1 500 – 1 800 mg/l Cl$^-$).

Im rheinland-pfälzischen und hessischen Schiefergebirgsanteil sind Natrium-Hydrogencarbonat-Säuerlinge verbreitet. Diese steigen auf tiefreichenden Kluftzonen auf und werden dabei unter Einfluß juveniler Kohlensäure durch Ionenaustausch-Vorgänge verändert.

Ostwestfalen-Lippe

Diese bunte Mineralwasserprovinz, auch „Heilgarten Deutschlands" genannt, hat sich in einem Bruchfaltengebiet entwickelt, das aus Gesteinen des Mesozoikums besteht. Der geologische Bau ist vom tiefliegenden Zechsteinsalinar mitgeprägt. Die Grenzen bilden im Westen und Südwesten der Teutoburger Wald und das Eggegebirge, im Norden das Weser- und Wiehengebirge, im Osten das Tal der oberen Weser, im Süden das Hessische Bergland. Es können drei Mineralwasser-Subprovinzen unterschieden werden: Östliches Eggevorland, Lippisches Bergland und nördliches Vorland des Wiehen- und Wesergebirges.

Östliches Eggevorland

Für das östliche Eggevorland sind kohlensäurehaltige Hydrogencarbonat-Wässer, Säuerlinge und Mofetten sowie Sulfat-Wässer und entsprechende Mischtypen charakteristisch. Die westliche Begrenzung des Zechstein-Salzes entspricht etwa einer Linie Warburg – Brakel – Nieheim – Bad Meinberg, so daß in größerer Tiefe oder im Verlauf tiefreichender Störungszonen auch Sole vorkommt.

Die Mineralwässer sind an vorwiegend Südsüdost – Nordnordwest bis Ostsüdost – Westnordwest streichende, teilweise auch morphologisch hervortretende geologische

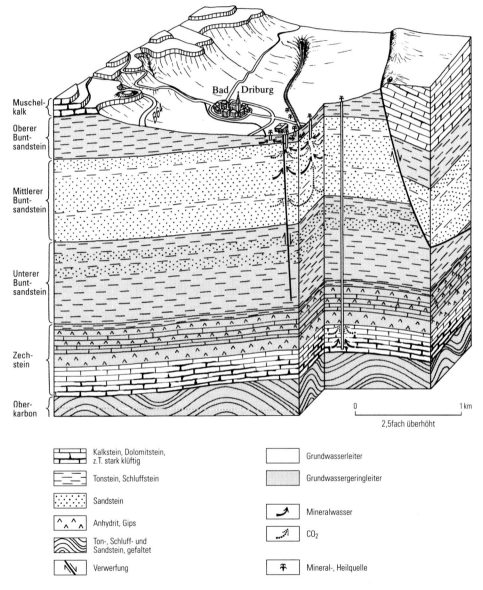

Abb. 3　Geologische und hydrogeologische Verhältnisse im Raum Bad Driburg (H. HEUSER, Geol. L.-Amt Nordrh.-Westf.)

16

Strukturen gebunden, die Achsen genannt werden. So treten im Verlauf der Germeter Achse die Säuerlinge von Warburg-Germete (MESTWERDT 1913) und von Volkmarsen (HORN 1976) auf.

Die Bad Driburger kohlensäurehaltigen Mineralwässer steigen auf der Driburger Achse auf (FRICKE 1961, 1962, 1966 a, 1972, 1978). Das Blockbild (Abb. 3) verdeutlicht die dortigen geologischen und hydrogeologischen Verhältnisse. In Bad Driburg wird das mineralisierte, CO_2-haltige Grundwasser vorwiegend vom Sulfat-Hydrogencarbonat-Typ in flach gefaßten Quellen und Brunnen gewonnen und zu Trink- und Badezwecken genutzt und auch in Flaschen abgefüllt. Zusätzlich ist 1987 mit einer 898 m tiefen Bohrung mineralisiertes, CO_2-haltiges Thermalwasser (28,7 °C) vom Chlorid-Sulfat-Typ zum Betrieb eines Freizeitbades erschlossen worden. An die Osning-Achse sind die Säuerlinge und die Mofetten von Bad Driburg-Herste, Bad Hermannsborn, Steinheim-

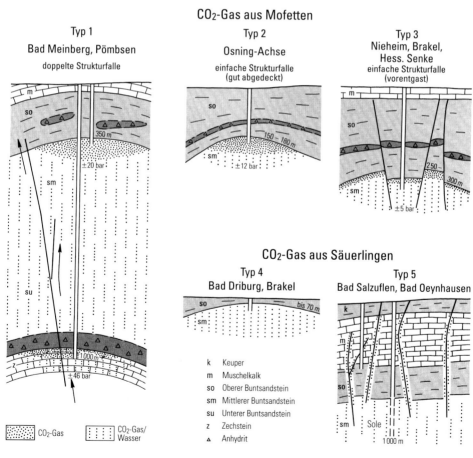

Abb. 4 CO_2-Lagerstättentypen in Ostwestfalen

17

Vinsebeck und Bad Meinberg gebunden, die Vorkommen von Nieheim, Brakel und Höxter-Bruchhausen an weiter östlich gelegene flache, gestörte Schichtenaufwölbungen. Genetisch handelt es sich um spätvulkanische Exhalationen aus einem tiefen basischen Magmenkörper (BRAND & FRICKE & HEDEMANN 1981).

Die Abbildung 4 erläutert die verschiedenen ostwestfälischen CO_2-Lagerstättentypen. Der Typ 1 repräsentiert die doppelte Strukturfalle. Die Kalk- und Dolomitsteine des Zechsteins und die Sandsteine des Unteren und Mittleren Buntsandsteins bilden den Gasspeicher. Die Anhydrite und Tonsteine des Zechsteins und die Tonsteine des Oberen Buntsandsteins wirken als gas- und wasserdichte Sperrschichten. Beim Anbohren entweicht das unter hydrostatischem Druck stehende gespannte Gas. Bei den Typen 2 und 3 handelt es sich um einfache Strukturfallen, wobei der Typ 3 an Störungen vorentgast ist. Der Lagerstättendruck ist entsprechend erniedrigt. Die Typen 4 und 5 sind Halbmofetten und Säuerlinge. Bei einer Halbmofette beträgt das Verhältnis Gas : Wasser etwa 40 : 1, bei einem Säuerling etwa 7,5 – 20 : 1.

Die Säuerlinge von Bad Hermannsborn (FRICKE 1963 a) steigen im Zuge der Osning-Achse an einer Auffaltung und Aufschiebung aus dem Mittleren Buntsandstein auf (Abb. 5).

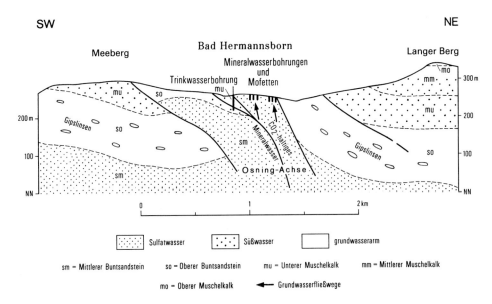

Abb. 5   Hydrogeologische Position von Bad Hermannsborn (MICHEL & NIELSEN 1977)

Die Mofetten von Bad Meinberg sind an die uhrglasförmige Aufwölbung des Bad Meinberger Doms gebunden, in dessen Untergrund der Mittlere Buntsandstein als wichtiges Speichergestein für das Kohlensäure-Vorkommen von Bad Meinberg in gehobener

Position liegt (FARRENSCHON 1990; FRICKE 1963 d, 1979; FRICKE & HAASE 1969). Die Abbildung 6 zeigt einen geologischen Schnitt durch den Bad Meinberger Dom. 1909/10 scheiterte ein Versuch, in 593 m Tiefe Thermalwasser zu finden. Erst 1976 gelang es, im Silvaticum östlich des Ortes in 1 110 m Tiefe eine extrem CO_2-reiche Thermalsole zu

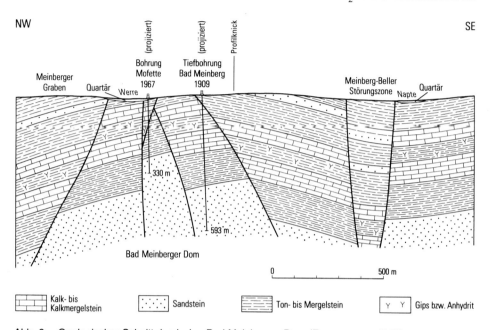

Abb. 6   Geologischer Schnitt durch den Bad Meinberger Dom (FARRENSCHON 1990)

erbohren (MICHEL 1977). Kleinere Mofetten gab es schon im 18. Jahrhundert. 1948 scheiterte der Versuch, eine von ihnen neu zu fassen. 1949 blieben zwei weitere, 54 m tiefe Bohrungen in der Nähe des Brunnentempels, des Wahrzeichens von Bad Meinberg, erfolglos. 1951 wurde im Kurpark eine 112 m tiefe Bohrung fündig, 1956 eine zweite in 277 m Tiefe mit einem Gasdruck von 20 bar, 1967 eine dritte in 330 m Tiefe mit 23 bar. Hinzu kamen bis 1959 fünf flache Bohrungen auf Calcium-Sulfatwasser im Stinkebrink (sog. Neubrunnen) und sechs Bohrungen im Beinkerbruch (sog. Altbrunnen). Danach wurden für den Abfüllbetrieb bis 1977 drei weitere Brunnen bis 124 m Tiefe gebohrt.

Südlich Höxter wurde 1971 im ehemaligen Sole-Bergwerksfeld Barbara eine 161 m tiefe, heute plombierte Bohrung niedergebracht, die im Mittleren Buntsandstein eine stark CO_2-haltige 4,5%ige Sole mit einem Sulfat-Gehalt von fast 3 000 mg/l antraf. An der gleichen Stelle war 1906 bei 839 m Tiefe eine Kali-Mutungsbohrung eingestellt worden, ohne Zechstein erreicht zu haben. Schwefel-Isotopenuntersuchungen haben eine reine Zechstein-Herkunft der in der Sole gelösten Stoffe nicht bestätigen können, so daß angenommen werden muß, daß hier auch Komponenten aus einer jüngeren Formation zusitzen.

Lippisches Bergland

Für das Lippische Bergland sind CO_2-haltige Thermalsolen mit zum Teil erhöhten Sulfat-Gehalten charakteristisch. Geologisch ist die Piesberg-Pyrmonter Achse das bestimmende Element. Bad Salzuflen liegt auf der Südflanke, Bad Oeynhausen auf der Nordflanke und Bad Pyrmont im Sattelkern. Auf tiefreichenden Querstörungen, wie der Salzetal-Störung und der Oeynhausener Quellenspalte, bestehen hydraulische Verbindungen vermutlich bis in den Zechstein. Große Erdfälle, wie in Seebruch bei Vlotho (DEUTLOFF & HAGELSKAMP & MICHEL 1974) und die tiefen Erd-fälle („Meere") bei Bad Pyrmont (HERRMANN 1969 a) geben davon Zeugnis.

In Bad Oeynhausen gibt es neun Heilquellen, die zwischen 17 m und 1 034 m tief sind. Der vorherrschende Wassertyp ist die eisen- und CO_2-haltige Thermalsole (bis 34,5 °C). Daneben gibt es eine kalte, stark CO_2-haltige Sole, ein Ionenaustausch-Wasser vom seltenen Natrium-Calcium-Chlorid-Typ und eine Natrium-Calcium-Chlorid-Sulfat-Therme (MICHEL 1996). Der Lösungsinhalt der Sole stammt aus dem Zechstein. Die gelöste freie Kohlensäure (CO_2) wird als postvulkanische Erscheinung der tertiären magmatischen Aktivität zugerechnet. Die Temperatur der Sole ist von der geothermischen Tiefenstufe abhängig. Wärmeanomalien sind nicht bekannt. Mineralwasserleiter sind die Gesteinspartien des Mittleren Buntsandsteins und des Muschelkalks. Aufstiegsbahnen sind tiefreichende Verwerfungs- und Kluft-

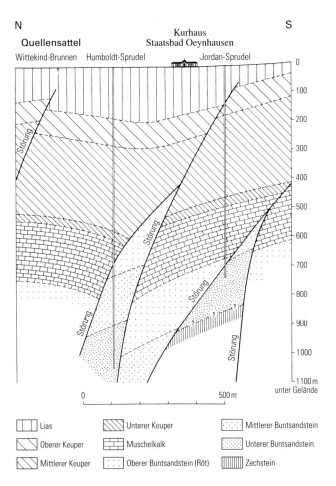

Abb. 7 Geologischer Schnitt durch den Untergrund von Bad Oeynhausen (MICHEL in Geologisches Landesamt Nordrhein-Westfalen 1977)

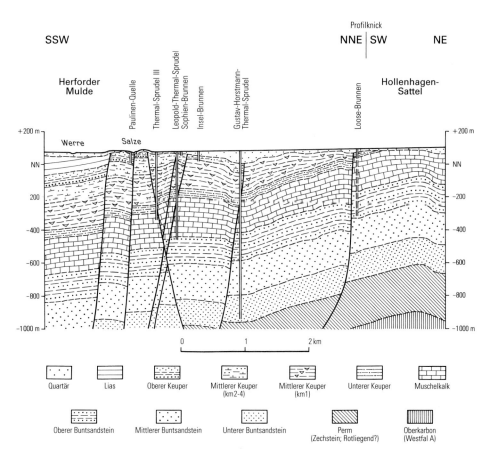

Abb. 8 Geologischer Längsschnitt durch das Salzetal mit den Heilquellenbohrungen von Bad Salzuflen (MICHEL 1988)

zonen, am bedeutsamsten die Oeynhausener Quellenspalte und die sie begleitenden Nebenspalten (Abb. 7). Die am schwächsten konzentrierte Thermalsole (< 2 %) trifft man zwischen 700 und 1 000 m Tiefe auf Klüften des Buntsandsteins an. Eine Thermalsole mittlerer Konzentration findet sich zwischen 600 und 700 m Tiefe in Muschelkalk-Schichten. Die stärkste Sole von etwa 8 % Salzkonzentration ist kalt und steigt neben der Werre bis fast an die Erdoberfläche auf.

Auch im benachbarten Bad Salzuflen (KNAUFF 1978) gibt es derzeit neun Heilquellen, die zwischen 13 m und 1 014 m tief gefaßt sind (MICHEL 1988). Es handelt sich um CO_2-haltige Thermalsole, Sole, Natrium-Chlorid-Wasser und mit diesem verwandte Wässer. Ein geologischer Schnitt durch das Salzetal verdeutlicht die Lagerungsverhältnisse quer zum Streichen der Piesberg-Pyrmonter Aufwölbung (Abb. 8).

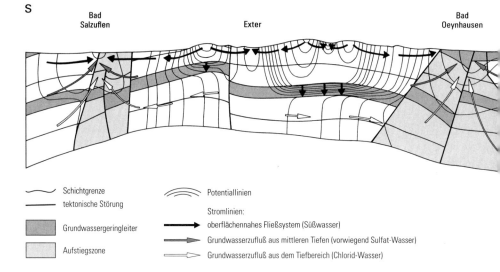

S

Bad
Salzuflen

Exter

Bad
Oeynhausen

〜〜〜 Schichtgrenze

───── tektonische Störung

▨ Grundwassergeringleiter

▢ Aufstiegszone

〜〜〜 Potentiallinien

Stromlinien:

➤ oberflächennahes Fließsystem (Süßwasser)

➤ Grundwasserzufluß aus mittleren Tiefen (vorwiegend Sulfat-Wasser)

➤ Grundwasserzufluß aus dem Tiefbereich (Chlorid-Wasser)

Abb. 9   Unterirdische Fließsysteme zwischen Bad Salzuflen und dem Wiehengebirge (verändert nach LEICHTLE 1981)

Zum Verständnis der großräumigen hydraulischen Zusammenhänge dient ein Süd-Nord-Schnitt vom Salzetal bis zum Wiehengebirge (LEICHTLE 1981). Dort wird schematisch gezeigt, wie man sich die unterirdischen Fließwege vorzustellen hat. Dabei wird das Grundwasser mit Mineralstoffen angereichert, es erwärmt sich und es kann sich zusätzlich mit Kohlenstoffdioxid anreichern bzw. sogar sättigen (Abb. 9).

Bad Pyrmont ist namengebend für die Piesberg-Pyrmonter Achse. Im südöstlichen Kernbereich dieser Schichtenaufwölbung treten ältere Schichten als an den Flanken zutage, und auf tiefreichenden Störungen steigen Sole und Kohlensäure auf (HERRMANN 1969 b, ROGGE 1995). Bad Pyrmont bietet eine breite Palette natürlicher Heilmittel an: kalte Sole, Sulfat-Wasser, Säuerlinge. Die Dunsthöhle ist eine natürliche Mofette (HERRMANN 1971). Die geologischen und hydrogeologischen Verhältnisse im Untergrund von Bad Pyrmont verdeutlichen zwei Profilschnitte (Abb. 10). Auf wasserwegsamen Bruchspalten konnte Grundwasser bis in große Tiefen eindringen und Steinsalzlager der Zechstein-Formation großflächig auflösen und ein sogenanntes Residualgebirge hinterlassen. So fehlt dort das ursprünglich gasabsperrende Salzlager, und der Weg nach oben ist frei für die postvulkanisch entstandene Kohlensäure: Säuerlinge entstehen. Über dem noch intakten Salzlager im Osten des Badeortes wurde die Sole erbohrt, und im Ausstrichbereich der gipsführenden Röt-Schichten wird Sulfat-Wasser gefördert.

Nördliches Vorland des Wiehen- und Wesergebirges

Das nördliche Vorland des Wiehen- und Wesergebirges wird bereits zum Norddeutschen Flachland gerechnet. Dort sind relativ oberflächennah Calcium-Sulfat-Wässer und Schwefel-Wässer, in der Tiefe auch Solen verbreitet. Hydrogeologisch liegt

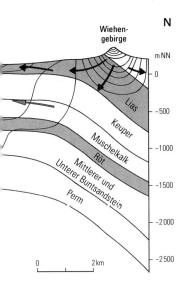

es nahe, die Herkunft dieser Mineralwässer aus dem Münder-Mergel (Malm) abzuleiten. In diese etwa 500 m mächtige tonig-mergelige Schichtenfolge, die anteilig die mesozoische Unterlage der quartären Verebnungsfläche bildet, ist Gips eingeschaltet, im Verlauf der Ellerburg-Achse auch ein mächtiger Steinsalzkörper, aus dessen geologischen Umfeld die Sole von Bad Essen (Tab. 8, S. 62 – 65) stammt (KELLER 1974).

Die Calcium-Sulfat-Wässer im Münder-Mergel und in den sich nördlich anschließenden Wealden-Schichten steigen vorwiegend auf Querverwerfungen und Zerrüttungszonen auf, so in Hüsede, Holzhausen, Espelkamp-Fiestel, Rothenuffeln, Dankersen und Nammen.

Besonders bemerkenswert ist die kalte Sole, die aus dem 300 m tiefen Schacht Bölhorst bei Minden gefördert wird. Dort ist bis 1876 Wealden-Kohle abgebaut worden (MICHEL 1980). Die Sole ist 7,5%ig, enthält 7 230 mg/l Calcium und 348 mg/l gelöstes Eisen. Letzteres dürfte nicht geogen sein, sondern von sich auflösenden Eisenteilen aus dem Grubenfeld stammen. Genetisch leitet sich diese Sole nicht vom Münder-Mergel-Salz, sondern von Zechstein-Salzen ab (Abb. 11).

Die hoch konzentrierte Thermalsole von Bad Bentheim (HINZE 1988) aus der 1 187 m tiefen Fürsten-Quelle wurde zwar im Mittleren Buntsandstein erbohrt, ist aber auf Lösungsvorgänge des liegenden Zechstein-Salzes zurückzuführen. Die Schwefel-Quellen von Bad Bentheim entstehen durch bakterielle Reduktionsvorgänge des aus dem gipshaltigen Münder-Mergel aufsteigenden Sulfat-Wassers.

Die Sulfat-Wässer und die Sole von Bad Münder entstammen ebenfalls der evaporitischen Schichtenfolge des Münder-Mergels (HERRMANN 1967; SCHERLER 1980, 1991; SCHERLER & HAHN 1992).

Münsterland

Das Münsterländer Kreide-Becken enthält wohl das größte zusammenhängende Sole-Vorkommen Deutschlands (HUYSSEN 1855; MICHEL 1965/66, 1983 a, 1983 b, 1990). Es handelt sich um eine etwa 150 km lange und 80 km breite asymmetrische Muldenstruktur mit einer sehr flachen Südflanke und einer steilstehenden bis überkippten Nord- und Nordostflanke. Die Muldenachse verläuft etwa von Burgsteinfurt über Münster nach Gütersloh; die tiefste Stelle (– 2 500 m NN) wird im Gebiet Emsdetten – Lengerich erreicht. Aus hydrogeologischer Sicht ist dieses Becken die geschlossenste Grund–wasserlandschaft Nordwestdeutschlands. Struktur, Schichtenaufbau sowie Geländeform

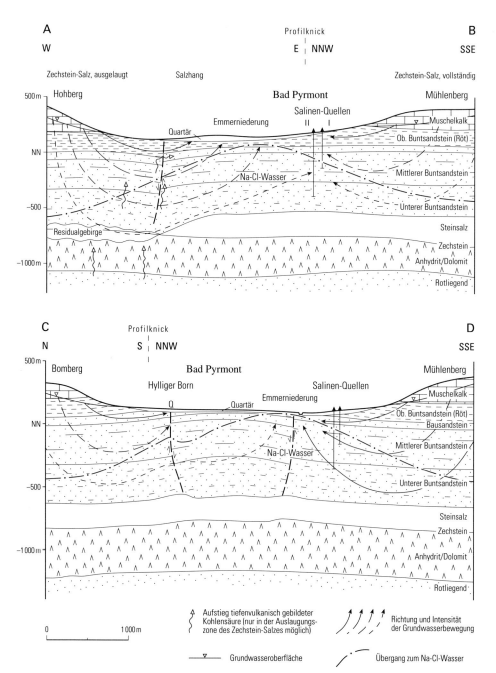

Abb. 10 Hydrogeologische Schnitte im Raum Bad Pyrmont (ROGGE 1995; Schnitt A – B verändert nach SCHERLER & HAHN 1992)

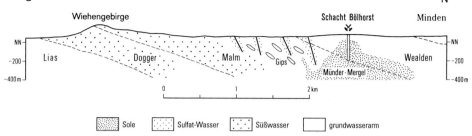

Abb. 11 Schematischer hydrogeologischer Schnitt durch das nördliche Vorland des Wiehengebirges bei Minden (MICHEL in Geologisches Landesamt Nordrhein-Westfalen 1977)

legen den Vergleich mit einer riesigen Wanne nahe, in der sich in geologischen Zeiträumen Sole sammeln konnte. Wie die Abbildung 12 verdeutlicht, handelt es sich um ein Drei-Schichten-Grundwasserfließsystem, bestehend aus:

— dem unteren Sole-Grundwasserleiter (Unterkreide bis Unterconiac), der an den Rändern mehr oder weniger breit ausstreicht und zum Beckeninnern abtaucht

— der nahezu undurchlässigen Trennschicht des Emscher-Mergels (Mittelconiac bis Santon)

— mehreren lokalen oberflächennahen Porengrundwasserleitern (Haltern-Sand, quartärzeitliche Sande und Kiese), die Süßwasser enthalten

Die Sole floß schon lange Zeit in zahlreichen Quellen am Süd- und Nordrand des Beckens aus, mindestens seit dem Ende der Weichsel-Kaltzeit, also seit 8 000 bis 10 000 Jahren. August Huyssen beschrieb 1855 in seiner Sole-Monographie noch über 130 natürliche und künstlich erschlossene Sole-Austritte, die heute weitgehend versiegt sind, wahrscheinlich als eine Folge der Sümpfung der versalzten Grubenwässer im Ruhrgebiet und der Förderung der Sole zur Salzproduktion.

Die Salzproduktion war die älteste Industrie Westfalens. In Werl ist die Salzherstellung bereits um 700 v. Chr. durch archäologische Funde belegt. Seit der zweiten Hälfte des 19. Jahrhunderts verschlechterte sich die wirtschaftliche Lage der damals noch vorhandenen Salinen zusehends. Wenige Salinen fanden den Anschluß an das 20. Jahrhundert, indem dort Heilbäder entstanden. Von diesen existierten Werl bis 1927, Unna-Königsborn bis 1941 und Rheine-Gottesgabe bis 1974 (MICHEL & THIERMANN 1981, STOCKMANN & STOCKMANN 1995). Drei Solebäder blieben bestehen: Bad Sassendorf (FRICKE 1963 b, 1965/66; MICHEL & QUERFURTH 1986), Bad Westernkotten (FRICKE 1966/67, 1968 a; KOCH & MICHEL 1979) und Bad Rothenfelde. Hinzu kamen Bad Waldliesborn (FRICKE & WEVELMEYER 1960, KOCH & MICHEL 1979), Bad Laer (MICHEL 1974, 1984 a) und das Solbad Ravensberg in Borgholzhausen (GEYH & MICHEL 1981, MICHEL 1984 b).

Die Gesamtmineralisation der heute zugänglichen Solen liegt zwischen 2 % (Ravensberg) und 13 % (Bad Waldliesborn). Alle Solen haben durchweg einen hohen Sulfat-Gehalt (max. 3 000 mg/l in Bad Laer). Lediglich die Sole von Rheine-Bentlage ist nahezu sulfatfrei. Die Sole-Temperaturen zeigen keine Auffälligkeiten. Der Gehalt an gelöstem freiem Kohlenstoffdioxid ist postvulkanischen Ursprungs und übersteigt im Bereich des Lippstädter Gewölbes 1 000 mg/l.

Nichts ist naheliegender, als die Sole von aufgelösten, abgelaugten Steinsalz-Vorkommen abzuleiten. Im zentralen Münsterland und im Ruhrgebiet gibt es aber keine Steinsalzlager. Die nächstliegenden intakten Salzlager befinden sich am Niederrhein und im nordwestlichen Zipfel des Münsterlandes. Die Verbreitungsgrenzen sind in der Mineralquellenkarte eingezeichnet. Die These einer Ablaugung dieser Salze und der Wanderung der entstehenden Sole auf Kluftzonen bis zum Südrand des Beckens und bis in die Grubenbaue des Ruhrgebiets wird nicht mehr aufrechterhalten. Die Sole ist nicht in einem einmaligen Vorgang entstanden, sondern sie ist ein Produkt der erdgeschichtlichen Entwicklung (MICHEL 1994 b).

Für die Übergangszone zwischen der Sole und dem Süßwasser sind Natrium-Chlorid-Hydrogencarbonat-Wässer typisch, die durch Ionenaustausch-Vorgänge entstehen (MICHEL 1968 b, 1969). Im Raum Gütersloh – Bielefeld werden sie als natürliches Mineralwasser abgefüllt (FRICKE & MICHEL 1969, LÖER & Stadt Bielefeld 1994).

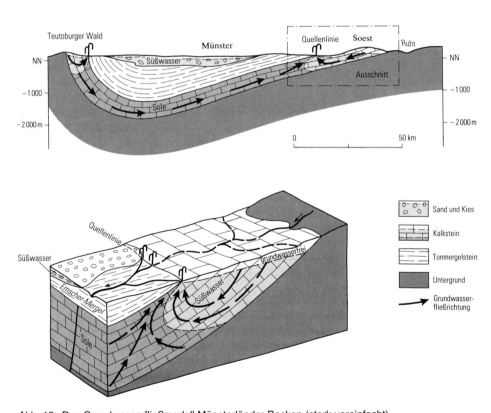

Abb. 12 Das Grundwasserfließmodell Münsterländer Becken (stark vereinfacht)

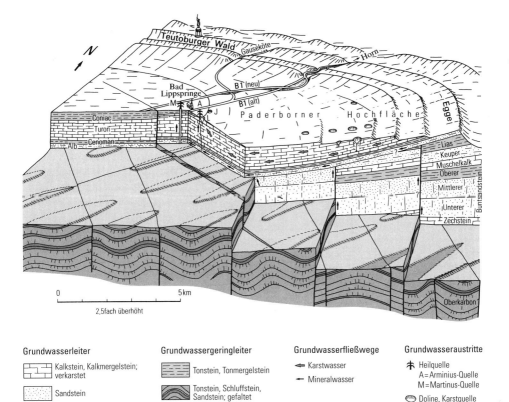

Abb. 13 Hydrogeologische Verhältnisse im Raum Bad Lippspringe (H. Heuser, Geol. L.-Amt Nordrh.-Westf.)

Nur am Ostrand des Münsterländer Kreide-Beckens ist in einer schmalen Zone zwischen Stukenbrock und Paderborn unter der Emscher-Mergel-Überdeckung das tiefe gespannte Grundwasser im Kalkstein-Grundwasserleiter nicht versalzt und wird für die Trinkwasserversorgung genutzt (Koch & Michel 1972). Im dort kalottenförmig ausgebildeten Grenzbereich zwischen Süßwasser und Sole (Abb. 12 unten) treten Natrium-Calcium-Chlorid-Hydrogencarbonat-Wässer auf, zum Beispiel in der Ottilien-Quelle in Paderborn (Michel 1975).

Bad Lippspringe zeichnet sich durch seine artesischen thermalen Calcium-Sulfat-Hydrogencarbonat-Wässer ohne nennenswerten CO_2-Gehalt aus (Fricke 1969). Diese Wässer zirkulieren in einem Sandsteinhorizont, der im Untergrund von Bad Lippspringe bei 500 m Tiefe liegt und weiter östlich im Eggegebirge zutage tritt. Die gelösten Mineralien stammen aus tiefer liegenden Gesteinen. Die Fließwege des Mineralwassers sind in der Abbildung 13 durch Pfeile markiert. Die darüber liegenden mächtigen

27

Kalksteinschichten der Paderborner Hochfläche dienen dem tiefen Fließsystem als schützende Deckschichten.

Ruhrgebiet

Im Ruhrgebiet hat der Bergbau die natürlichen Grundwasserverhältnisse im deckgebirgsfreien Südteil sowie im Mittelbereich des Reviers mit Deckgebirgsmächtigkeiten bis 400 m tiefgreifend verändert. Große Mengen mineralisiertes Grundwasser müssen gehoben und in die Vorfluter geleitet werden. 1995 waren es insgesamt 121 Mio. m³; davon entfielen etwa 34 Mio. m³ auf die betriebenen und 87 Mio. m³ auf die stillgelegten Zechen. Die Grubenwasserzuflüsse nehmen von Süden nach Norden ab, die Konzentrationen jedoch zu (MICHEL 1994 b).

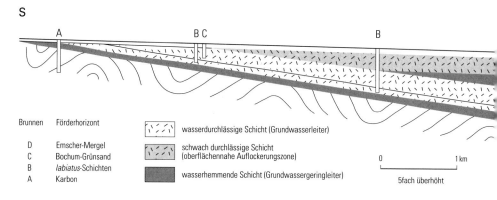

Abb. 14 Schematischer hydrogeologischer Schnitt (generalisiert) durch das Ruhrgebiet (nach ALBERTS & FUNK & MICHEL 1982)

Der Bergbau war stets bemüht, durch eine möglichst bruchlose Absenkung des Deckgebirges die wasserstauende Wirkung eingelagerter tonig-schluffiger Schichten zu erhalten, um die Wasserzuflüsse in die Grubenbaue einzuschränken. Hierbei fällt dem an der Basis der Kreide verbreiteten Essen-Grünsand eine besondere Rolle zu. Er ist dort wasserstauend, wo er bei größerer Mächtigkeit tonig ausgebildet ist. So wird es verständlich, daß in den Deckgebirgsschichten ein eigenes Grundwasser-Regime vorhanden ist und dort auch mineralisierte Wässer verbreitet sind, die von Brunnenbetrieben abgefüllt werden (ALBERTS & FUNK & MICHEL 1982). Der 5fach überhöhte hydrogeologische Schnitt der Abbildung 14 zeigt modellhaft und generalisiert das flache Einfallen der Schichten nach Norden, den Wechsel von Förderhorizonten mit gering wasserdurchlässigen Schichten und die vier häufigsten Arten von Mineralwasserbrunnen. Diese stehen in den Sandsteinen des Oberkarbons (A), den Kalksteinen und Kalkmergelsteinen der labiatus-Schichten (B), im Bochum-Grünsand (C) und in der oberflächennahen, klüftigen „Auflockerungszone" des Emscher-Mergels (D).

28

Niederrheinische Bucht

Unter dem von mächtigen tertiären und quartären Sedimenten verhüllten Flachland der Niederrheinischen Bucht wurden in deren Nordteil in paläozoischen Schichten Natrium-Chlorid-Wasser und Sole in Bohrungen erschlossen, vorwiegend bei der Suche nach Steinkohle (Abb. 15, S. 30). Diese salinaren Wässer stehen im Umfeld und in genetischer Beziehung zur Zechstein-Salzlagerstätte, deren Westbegrenzung in der Karte der Mineral- und Heilwässervorkommen (in der Anl.) markiert ist. Bisher werden sie nur an drei Stellen in den Niederlanden in Freizeitbädern genutzt.

In der Kölner Bucht ist das Natrium-Chlorid-Wasser höher temperiert und mit Kohlensäure angereichert. Das Bildungsgebiet dieser Thermalwässer liegt im östlich angrenzenden Bergischen Land. Auf tiefreichenden Fließwegen werden sie erwärmt, reichern sich mit Mineralstoffen an und mischen sich mit der auf Störungen aufsteigenden juvenilen Kohlensäure (Abb. 16). Zu diesem Typ gehören die vier Kölner Messe-Brunnen (MICHEL 1986).

Die Brunnenbetriebe in Bad Godesberg, Bad Honnef, Bornheim-Roisdorf und Erkrath füllen vorwiegend Natrium-Hydrogencarbonat-Wasser ab, welches durch natürliche Kohlensäure angereichert ist. Am nördlichen Niederrhein wird aus Schichten der Oberkreide und des Tertiärs ebenfalls Natrium-Hydrogencarbonat-Wasser in Brunnenbetrieben abgefüllt.

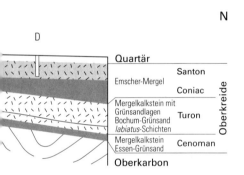

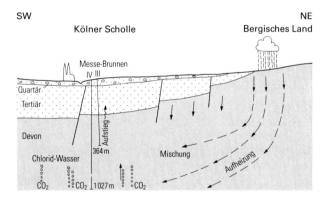

Abb. 16
Schematischer Schnitt durch den Untergrund der östlichen Kölner Scholle (MICHEL 1986)

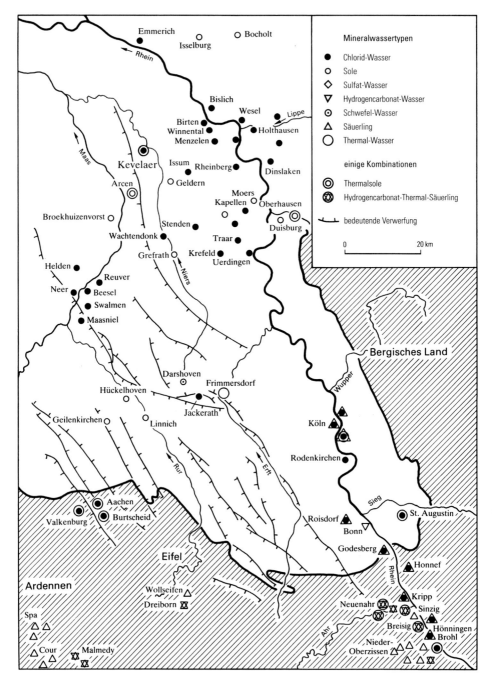

Abb. 15 Mineral- und Thermalwässervorkommen in der Niederrheinischen Bucht und ihrer Umgebung (ergänzt nach DASSEL 1992)

Hydrochemische Tabellen

Die Angaben zu den Mineral- und Heilwässern in der Karte (in der Anl.) werden durch umfangreiche tabellarische Zusammenstellungen wesentlich ergänzt. Tabellen bieten auf kleinstem Raum in übersichtlicher Form sehr viele Informationen. Dabei läßt es sich nicht vermeiden, Daten zu straffen, bei Zahlenwerten auf- oder abzurunden, zu komprimieren und sich auf das Wesentliche zu beschränken. Aus diesem Grunde werden der Aufbau und der Inhalt der Tabellen kurz erläutert.

Die laufende Numerierung entspricht der jeweils gleichen Nummer in der Karte. Bei den Ortsangaben wurde die alteingebürgerte und nicht die postalische Bezeichnung gewählt, zum Beispiel Bad Waldliesborn statt Lippstadt-Bad Waldliesborn, oder Bad Meinberg statt Horn-Bad Meinberg etc. Bei den „sonstigen Vorkommen" wurde zwischen verfüllt [v] und noch zugänglich [z] unterschieden.

Der Name bezieht sich auf die Entnahmestelle. Entgegen der immer wieder verschiedenen Schreibweise wurde einheitlich zwischen dem Eigennamen und der Art der Fassung ein Bindestrich gesetzt, zum Beispiel Kaiser-Brunnen statt Kaiserbrunnen, oder Franziskus-Quelle statt Franziskusquelle. Weiterhin wurden aus Platzgründen oftmals Abkürzungen benutzt, wie „Br." für Brunnen.

Für jede Analyse ist in den Tabellen die Blattnummer der entsprechenden Topographischen Karte 1 : 25 000 (TK 25) angegeben. Zum leichteren Auffinden der zugehörigen Kreisdiagramme im Kartenbild ist im Kartenrahmen die Blatteinteilung der TK 25 zusammen mit den zugehörigen Blattnummern eingetragen.

Bei der Tiefe wurde möglichst der jetzige Stand in Metern unter Geländeoberkante angegeben, nicht die ursprüngliche Tiefe. Zum Beispiel ist die Martinus-Quelle (Nr. 43) in Bad Lippspringe 700 m tief gebohrt, aber nur bis 507 m Tiefe ausgebaut worden; der Loose-Brunnen (Nr. 25) in Bad Salzuflen war ursprünglich 400 m tief, ist heute jedoch nur noch 53 m tief gefaßt. In der Spalte „Jahr" ist in den meisten Fällen das Jahr der Erschließung bzw. Erstfassung angegeben, nicht das Jahr der letzten Sanierung. Als „geologische Einheit" ist der Grundwasserleiter angegeben, in welchem das Mineralwasser gefaßt ist. In den Tabellen werden die heute verbindlichen Abkürzungen verwendet, die in der folgenden Auflistung erklärt sind. In der Spalte „Probenahme" werden Entnahme-Monat und -Jahr der mitgeteilten Analyse genannt.

Mineralwässer und Heilwässer werden nach ihren hydrochemischen Eigenschaften und ihrer Temperatur charakterisiert. Deshalb spielen für die Aufstellung einer Tabelle Analysendaten eine wesentliche Rolle. Da das Ergebnis jeder Analyse einer Momentaufnahme gleichkommt, fiel die Auswahl schwer. Einerseits galt es, jeweils eine Analyse auszuwählen, die einen gewissen Durchschnittswert repräsentiert. Andererseits sollte die entsprechende Analyse möglichst neu sein, so daß Abweichungen zu früher publizierten Analysen durchaus möglich sind. Von einigen der „sonstigen Vorkommen" liegt ohnehin nur eine einzige Analyse vor.

Mit der Summe der gelösten Feststoffe werden die Kationen, Anionen und die undissoziierten Stoffe, wie Kieselsäure und Borsäure, erfaßt. In der Spalte „hydrochemischer

Charakter" werden die typbestimmenden Hauptbestandteile sowie signifikante Spurenbestandteile wiedergegeben. Typbestimmende Einzelbestandteile, die die im Abschnitt „Nomenklatur" genannten Grenzen für Eisen, Iodid, Schwefel und Fluorid erreichen bzw. überschreiten, sind fettgedruckt.

Die in der Spalte „freies CO_2" angegebenen Werte können nur als Richtwerte gelten; für vergleichende Betrachtungen ist eine gewisse Vorsicht geboten. Kohlenstoffdioxid reagiert sehr empfindlich auf Druck- und Temperaturänderungen, so daß oftmals die zu verschiedenen Zeitpunkten entnommenen und untersuchten Proben sehr unterschiedliche Werte aufweisen. Aus diesem Grunde sind nach den „Begriffsbestimmungen" (Deutscher Bäderverband & Deutscher Fremdenverkehrsverband 1991) für CO_2 Schwankungs-spielräume von 50 % tolerierbar. Dies bedeutet praktisch, daß ein Säuerling in einer Einzelanalyse, welche als Momentaufnahme gelten kann, auch gelegentlich unter 1 000 mg/l CO_2 aufweisen darf.

Auch die angegebenen Werte für die Temperatur unterliegen gewissen Schwankungen. Temperatur-Minderungen im Vergleich zu früheren Analysen um mehrere Grad Celsius können jedoch nur durch Schäden an den Fassungsanlagen erklärt werden.

In der Spalte „Typ" mußte aus Platzgründen teilweise auf die Begriffe „Säuerling" und „Therme" verzichtet werden. Sie sind jedoch aus den Werten der beiden vorangehenden Spalten „freies CO_2" ($\geq$ 1 000 mg/l CO_2) und „Temperatur" (> 20 °C) zu erkennen.

Die Zahlen in der Spalte „Literatur" beziehen sich auf die im Verzeichnis der Schriften und Karten numerierten Titel. Sie sind jeweils bei dem ersten Vorkommen eines Ortes angegeben und gelten auch für die weiteren in derselben Ortslage.

Geologische Einheiten

q	Quartär	ko	Oberer Keuper
		km	Mittlerer Keuper
t	Tertiär	km4	Steinmergelkeuper
ol	Oligozän	km3	Rote Wand
		km2	Schilfsandstein
kr	Kreide	ku	Unterer Keuper
kro	Oberkreide	m	Muschelkalk
krsa	Santon	mo	Oberer Muschelkalk
krcc	Coniac	mu	Unterer Muschelkalk
krcc1	*schloenbachi*-Schichten	s	Buntsandstein
krt	Turon	so	Oberer Buntsandstein
krt3	Scaphiten-Schichten	sm	Mittlerer Buntsandstein
krt2	Bochum-Grünsand		
krt1	*labiatus*-Schichten	z	Zechstein
krc	Cenoman	r	Rotliegend
kru	Unterkreide		
krl	Alb	c	Karbon
krp	Apt	co	Oberkarbon
		cu	Unterkarbon
jo	Oberer Jura		
jm	Malm	d	Devon
jd	Dogger (Mittlerer Jura)	do	Oberdevon
jl	Lias (Unterer Jura)	dm	Mitteldevon
		du	Unterdevon
		cb	Kambrium

Abkürzungen in den Tabellen

Qu.	Quelle
Br.	Brunnen
Spr.	Sprudel
Brg.	Bohrung
–	keine Angaben
n. n.	nicht nachweisbar
[v]	verschlossen
[z]	zugänglich

Tabelle 1   Eifel

lfd. Nr.	Ort	Name	TK 25: Blatt-Nr.	Tiefe (m unter Gelände-ober-kante)	Jahr	geol. Einheit	Probe-nahme	Summe d. gelösten Feststoffe (mg/l)
	Balneologische Nutzung							
1	Aachen	Kaiser-Quelle *)	5202	7	1862	do	7/91	4 109
	Aachen	Rosen-Quelle	5202	6	1812	do	7/91	3 970
2	Aachen-Burtscheid	Landesbad-Quelle	5202	8		do	5/90	4 333
	Aachen-Burtscheid	Schwertbad-Quelle	5202	3	1952	do	11/89	4 335
	Aachen-Burtscheid	Rosen-Quelle	5202	4		do	10/91	4 200
	Abfüllung in Brunnenbetrieben							
3	Aachen	Granus-Quelle	5202	125	1978	do/co	11/87	1 201
	Aachen	Mephisto-Quelle	5202	Qu.	1981	do	5/90	3 927
	Sonstige Vorkommen							
4	Schleiden	Heilstein-Quelle [z]	5404	52	–	du	8/80	819

*) auch Abfüllung in Brunnenbetrieb

Na (mg/l)	Mg (mg/l)	Ca (mg/l)	Cl (mg/l)	SO₄ (mg/l)	HCO₃ (mg/l)	weitere Bestandteile (mg/l)	freies CO₂	Temperatur (°C)	Typ	Literatur
						hydrochemischer Charakter				
1 291	7	67	1 508	281	871	K 74; F 6,3	168	53,5	Na-Cl-HCO₃	4; 53; 77; 78; 101; 112; 113; 114.
1 208	9	71	1 460	277	861	K 75; F 6,3	164	47,0	Na-Cl-HCO₃	
1 400	4	41	1 652	306	852	K 74; F 4,3	> 400	72,2	Na-Cl-HCO₃	
1 450	7	48	1 580	298	872	K 71; F 7,1	300	68,8	Na-Cl-HCO₃	
1 306	8	53	1 592	288	871	K 73; F 6,5	176	60,5	Na-Cl-HCO₃	
176	19	151	231	165	442	K 15,8	–	< 20	Na-Ca-HCO₃-Cl-SO₄	4; 53; 78; 113; 114
1 220	9	65	1 446	280	836	K 66; F 3,8	100	39,7	Na-Cl-HCO₃	
141	21	47	13	24	564		1 413	9,4	Säuerling	77; 116; 123

Tabelle 2   Sauerland und Bergisches Land

lfd. Nr.	Ort	Name	TK 25: Blatt-Nr.	Tiefe (m unter Gelände-ober-kante)	Jahr	geol. Einheit	Probe-nahme	Summe d. gelösten Feststoffe (mg/l)
Balneologische Nutzung								
5	Warstein-Belecke	Kaiser-Heinrich-Br.	4515	33	1963	do	11/95	5 365
Abfüllung in Brunnenbetrieben								
6	Drolshagen	St.-Clemens-Quelle	4912	101	1982	dm	10/95	173
Sonstige Vorkommen								
7	Werdohl	Untersuchungs-Brg. [v]	4712	90	–	d	1959	1 716

hydrochemischer Charakter							freies CO_2	Tem-pera-tur (°C)	Typ	Literatur
Na (mg/l)	Mg (mg/l)	Ca (mg/l)	Cl (mg/l)	SO$_4$ (mg/l)	HCO$_3$ (mg/l)	weitere Bestandteile (mg/l)				
1 761	36	157	2 900	91	360	K 59,7; Sr 5,4; **F** 5,0	2	13,2	Na-Cl	7; 8; 30; 34
7	10	25	38	11	62		29	12,0		
524	116		900	72	104		–	10,9	Na-Cl	93; 94; 103

Tabelle 3   Ostwestfalen-Lippe

lfd. Nr.	Ort	Name	TK 25: Blatt-Nr.	Tiefe (m unter Gelände-ober-kante)	Jahr	geol. Einheit	Probe-nahme	Summe d. gelösten Feststoffe (mg/l)
	Balneologische Nutzung							
	Bielefeld	Weihnachts-Brunnen	3917	465	1926	ku	6/95	2 893
8	Brakel	Kaiser-Brunnen	4221	11	1953	so	9/91	721
	Bad Driburg	Wiesen-Quelle 1	4220	10	19. Jh.	so	7/91	3 470
	Bad Driburg	Wiesen-Quelle 2	4220	70	1953	sm	7/91	2 580
	Bad Driburg	Wiesen-Quelle 3	4220	69	1961	sm	7/91	2 660
9	Bad Driburg	Haupt-Quelle 1	4220	9	1743	so	8/91	3 020
	Bad Driburg	Haupt-Quelle 2	4220	70	1956	sm	7/91	3 230
	Bad Driburg	Alte Stahl-Quelle	4220	8	<1875	so	8/92	3 553
	Bad Driburg	Druden-Quelle	4220	2	1958	so	4/93	–
	Bad Driburg	Wiesen-Quelle (alt)	4220	9	1860	so	3/90	2 840
	Bad Driburg	Beda-Quelle (neu)	4220	51	1980	sm	4/89	4 520
10	Bad Driburg	Thermalwasser- Br.	4220	898	1987	z	11/88	10 968
	Bad Driburg-Herste	Grafen-Quelle	4220	6	1821	so	1965	3 850
	Espelkamp-Fiestel	Bad Fiestel Br. 2	3617	140	–	jm/kru	9/67	2 383
	Bad Hermannsborn	Alkali-Brunnen	4220	3	<1924	sm	1993	1 921
	Bad Hermannsborn	Carls-Quelle	4220	32	1953	sm	1993	203
	Bad Hermannsborn	Sauer-Brunnen	4220	4	<1924	sm	1993	648
11	Bad Hermannsborn	Stahl-Quelle	4220	5	<1924	sm	1993	1 421
	Bad Hermannsborn	Hofschacht-Quelle	4220	5	1928	sm	12/90	–
	Bad Hermannsborn	Wiesenschacht-Qu.	4220	11	1928	sm	12/90	–
	Bad Hermannsborn	Neu-Brg. 1966	4220	42	1966	so	6/66	3 585
12	Höxter-Bruchhausen	Silber-Quelle *)	4221	25	1953	sm	5/91	796
	Holzhausen	Mineral-Qu. Holsing	3717	22	1726	jm	1/91	2 408
13	Holzhausen	Elisabeth-Schwefel-Qu.	3717	8	18. Jh.	jm	7/77	2 442
14	Hüllhorst-Lusmühle	Schwefel-Quelle	3717	20	1930	jl/jd	6/90	433
15	Bad Meinberg	A 2 (Stinkebrink)	4119	10	1929	km3+4	9/84	2 472
	Bad Meinberg	D 1 (Silvaticum)	4119	60	1974	ku + km	7/78	2 425
16	Minden-Bölhorst	Sole-Quelle	3719	300	19. Jh.	kru	9/92	81 662

*) auch Abfüllung in Brunnenbetrieb

hydrochemischer Charakter							freies CO$_2$	Temperatur (°C)	Typ	Literatur
Na (mg/l)	Mg (mg/l)	Ca (mg/l)	Cl (mg/l)	SO$_4$ (mg/l)	HCO$_3$ (mg/l)	weitere Bestandteile (mg/l)				
316	103	445	410	1 358	253		–	23,7	Ca-Na-SO$_4$-Cl	15; 88; 106
7	31	95	7	50	427	Fe 15,9	2 160	10,8	Säuerling	15
111	131	772	119	1 423	1 318	**Fe 20,6**	382	12,8	Ca-Mg-SO$_4$.HCO$_3$	24; 25; 31; 43
90	129	553	46	945	1 312	**Fe 23,6**	305	–	Ca-Mg-HCO$_3$-SO$_4$	
105	118	541	35	1 108	1 086		351	–	Ca-Mg-SO$_4$.HCO$_3$	
121	129	608	29	1 358	1 068		1 241	13,3	Ca-Mg-SO$_4$.HCO$_3$	
125	124	674	28	1 523	1 068		291	–	Ca-Mg-SO$_4$.HCO$_3$	
117	114	707	72	1 354	1 189		1 370	11,4	Ca-SO$_4$-HCO$_3$	
–	–	–	83	1 424	841		936	12,8	Ca-Mg-SO$_4$-HCO$_3$	
42	139	631	101	1 581	568	Sr 8,3	313	12,4	Ca-Mg-SO$_4$-HCO$_3$	
384	94	738	47	1 487	1 769		–	11,0	Ca-Na-SO$_4$-HCO$_3$	
2 270	135	1 160	3 250	2 420	1 648	K 40,4; F 2,8	3 300	28,7	Na-Ca-Cl-SO$_4$	111
151	170	683	146	1 550	1 138		1 920	9,3	Ca-Mg-SO$_4$.HCO$_3$	25; 106
20	97	538	50	1 428	244	K 4	–	–	Ca-Mg-SO$_4$	15; 106; 136
17	54	367	14	596	763	Mn 3,1	1 820	8,5	Ca-HCO$_3$-SO$_4$	15; 22; 26; 36
10	6	29	9	39	79		1 890	8,0	Säuerling	
33	11	109	52	31	348		1 890	6,0	Säuerling	
21	44	259	37	381	592	Fe 17, 4; Mn 2,8	2 080	9,0	Ca-Mg-HCO$_3$-SO$_4$	
13	–	–	17	83	1 251		568	10	Ca-Mg-HCO$_3$	
12	–	381	15	125	927		311	10	Ca-Mg-HCO$_3$	
39	112	756	22	1 319	1 300	Mn 2,7	2 041	10,7	Ca-SO$_4$-HCO$_3$	
9	56	102	10	22	571		937	11,7	Säuerling	15
14	30	620	19	1 420	289	Sr 5,1	80	10,3	Ca-SO$_4$	15; 22; 106
48	18	624	26	1 379	323	H$_2$S 1,2	94	10,5	S-Ca-SO$_4$	15
17	22	68	22	48	255	H$_2$S 6,5	40	11,5	S-Wasser	15; 22
27	53	561	10	1 463	287		–	10,4	Ca-SO$_4$	17; 45; 91
29	50	598	14	1 480	250		–	11,3	Ca-SO$_4$	
21 500	1 350	7 230	49 000	1 500	628	K 63,7; **Fe** 348	–	21,8	Thermalsole	22; 92; 106

Tabelle 3   Ostwestfalen-Lippe   (Fortsetzung)

lfd. Nr.	Ort	Name	TK 25: Blatt- Nr.	Tiefe (m unter Gelände- ober- kante)	Jahr	geol. Einheit	Probe- nahme	Summe d. gelösten Feststoffe (mg/l)
Balneologische Nutzung								
	Bad Oeynhausen	Oeynhausen-Sprudel	3718	696	1845	mu	11/95	35 613
	Bad Oeynhausen	Kaiser-Wilhelm-Spr.	3718	684	1898	mu	11/95	47 649
	Bad Oeynhausen	Morsbach-Sprudel	3718	769	1906	mu+so	11/95	48 314
	Bad Oeynhausen	Jordan-Sprudel	3818	725	1926	sm	11/95	20 027
17	Bad Oeynhausen	Humboldt-Sprudel	3718	1 034	1973	sm	11/95	18 087
	Bad Oeynhausen	Bülow-Brunnen	3718	79	1806	jl	11/95	53 320
18	Bad Oeynhausen	Dr.-Schmid-Quelle	3718	184	1960	jl+ko	11/95	86 962
	Bad Oeynhausen	Wittekind-Br. II	3718	17	1980	jl	11/95	7 169
19	Bad Oeynhausen	Bali-Therme	3818	200	1995	km4	6/95	6 716
20	Petershagen-Hopfenberg	Hermanns-Quelle	3619	9	1979	q	1/89	682
	Porta Westfalica	Mineral-Qu. Kurhaus	3819	40	1984	km4	8/84	7 543
	Randringhausen	Ernstmeier	3717	12	1928	jl	11/91	452
	Randringhausen	Wilmsmeier 1	3717	13	1928	jl	7/90	446
21	Randringhausen	Wilmsmeier 2	3717	23	1928	jl	7/90	533
	Rothenuffeln	Heil-Qu. Pivitskrug	3718	Quelle	1648	jm	11/91	2 441
22	Rothenuffeln	Heil-Qu. Lindenmoor	3718	3	1769	jm	9/93	2 457
23	Bad Salzuflen	Gustav-Horstmann- Thermal-Sprudel	3918	1 014	1927	sm	8/95	125 903
	Bad Salzuflen	Leopold-Thermal-Spr.	3918	534	1906	mu	1955	71 213
24	Bad Salzuflen	Thermal-Sprudel III	3918	413	1959	mo+ku	8/95	66 915
	Bad Salzuflen	Paulinen-Quelle	3918	63	1802	ko	8/95	78 578
	Bad Salzuflen	Neu-Brunnen	3918	54	1914	km4	8/95	31 963
	Bad Salzuflen	Insel-Brunnen	3918	53	1936	km2	8/95	2 890
25	Bad Salzuflen	Loose-Brunnen	3818	53	1891	ku	8/95	5 313
	Bad Salzuflen	Sophien-Quelle	3918	48	1839	km4	8/95	51 209
	Bad Salzuflen	Sophien-Brunnen	3918	13	1951	km4	8/95	4 688

hydrochemischer Charakter							freies CO$_2$	Temperatur (°C)	Typ	Literatur
Na (mg/l)	Mg (mg/l)	Ca (mg/l)	Cl (mg/l)	SO$_4$ (mg/l)	HCO$_3$ (mg/l)	weitere Bestandteile (mg/l)				
1 300	305	1 390	17 000	4 210	1 294	K 92,5; F 3,3	1 452	28,0	Thermalsole	11; 14; 50; 79; 104
5 700	386	1 470	24 800	3 490	1 660	K 124; F 3,2	1 430	21,3	Thermalsole	
5 700	386	1 660	24 800	4 271	1 367	K 125; F 3,2	1 650	23,2	Thermalsole	
5 740	181	1 180	8 510	3 366	982	K 56,3; F 2,6	1 034	23,1	Thermalsole	11; 14; 50; 79; 104
5 050	162	980	6 740	3 860	1 226	K 50; F 2,3	1 188	24,0	Na-Cl-SO$_4$	
8 400	406	1 000	29 300	2 654	1 409	K 114; Fe 32,7	1 034	11,7	Sole	
30 200	732	1 780	47 800	4 412	1 800	K 195; Fe 40,9	1 650	14,8	Sole	
1 680	126	633	3 010	1 049	653		176	12,7	Na-Ca-Cl	
1 209	103	896	2 320	1 734	381	Sr 16,9; F 1	225	23,4	Na-Ca-Cl-SO$_4$	104
26	15	132	41	98	350	Fe 21,2	147	10,7	Fe-haltiges Wasser	22
1 720	86	768	2 720	1 794	421	K 30	104	–	Na-Ca-Cl-SO$_4$	
16	11	86	28	55	254	H$_2$S 2,5	–	10,6	S-Wasser	15; 22
17	12	86	28	48	252	I 1,1; H$_2$S 2,9	–	10,2	S-Wasser	
15	14	107	41	72	279	H$_2$S 2,9	–	10,3	S-Wasser	
29	33	615	61	1 410	290		–	11,9	Ca-SO$_4$	15; 22
32	29	636	61	1 383	311		–	11,8	Ca-SO$_4$	15; 106
45 300	832	1 850	69 500	5 576	2 361	K 439; Fe 32,6; F 2,9	1 958	33,8	Thermalsole	11; 12; 14; 15; 48; 72; 79; 99; 106
23 175	532	3 020	39 458	2 960	1 617	K 313; Fe 38,4; Li 1,8; Sr 45,5; Br 32,6; I 1,4	1 298	21,7	Thermalsole	
22 900	466	1 560	36 900	3 226	1 663	K 167; Fe 31,7; F 1,7	1 408	22,2	Thermalsole	48
27 200	564	1 890	42 500	4 522	1 708	K 172; Fe 20	1 738	14,3	Sole	
9 530	554	1 720	18 000	1 307	781	K 50,5	616	12,6	Sole	
352	68	459	650	1 051	301		66	12,6	Ca-Na-SO$_4$-Cl	
1 150	80	503	1 425	1 205	919		484	19,8	Na-Ca-Cl-SO$_4$	
16 700	456	1 780	28 250	2 601	1 272	K 113; Fe 29,8	1 606	15,9	Sole	
1 230	70	345	2 390	351	268		77	14,8	Na-Ca-Cl	

Tabelle 3   Ostwestfalen-Lippe   (Fortsetzung)

lfd. Nr.	Ort	Name	TK 25: Blatt-Nr.	Tiefe (m unter Gelände-ober-kante)	Jahr	geol. Einheit	Probe-nahme	Summe d. gelösten Feststoffe (mg/l)
		Balneologische Nutzung						
26	Schieder-Schwalenberg	Nessenberg-Quelle	4020	22	1957	sm	9/89	7 215
27	Seebruch	Schwefelwasser-Br.	3819	25	1970	km4/z	11/95	2 403
	Seebruch	Mineralwasser-Br.	3819	113	1963	km4	1/78	2 195
28	Stemwede-Levern	Schwefel-Qu. (B)	3616	51	1966	kru	10/66	587
29	Warburg-Germete	Franziskus-Quelle	4520	9	1904	sm	11/94	6 856
		Abfüllung in Brunnenbetrieben						
30	Bielefeld	Carolinen-Brunnen	4017	262	1985	mu+mo	1/96	1 208
	Bielefeld	Merkur-Brunnen	4017	150	1974	mo	1/96	2 218
	Bielefeld	St.-Bonifatius-Br.	4017	250	1989	mu+mo	1/96	853
	Bad Driburg	Caspar-Heinrich-Qu. 1	4220	12	1896	so	6/91	1 499
	Bad Driburg	Caspar-Heinrich-Qu. 4	4220	16	1972	so	6/91	1 703
	Bad Driburg	Badestädter Min.-Qu.	4220	20	1977	so	3/85	729
	Bad Driburg	Driburger Mineral-Qu.	4220	149	1989	mu	10/89	912
	Löhne	Steinbronn	3818	31	1962	ko+km	5/84	2 278
31	Löhne	Steinsiek	3818	32	1865	ko	9/85	2 335
	Löhne	Werretaler (Br. 1)	3818	70	1939	km4	11/94	920
	Löhne	Werretaler (Br. 2)	3818	100	1977	ko	5/77	3 715
	Löhne	Iris-Quelle (Br. 4)	3818	65	1955	ko	1/91	1 667
	Löhne	Geo-Quell	3818	66	1986	ko	5/86	2 835
32	Löhne	Rondena-Brunnen	3818	78	1973	ko	2/85	3 919
	Löhne	Mühlen-Quelle	3818	40	1986	ko	9/95	2 979

hydrochemischer Charakter							freies CO_2	Temperatur (°C)	Typ	Literatur
Na (mg/l)	Mg (mg/l)	Ca (mg/l)	Cl (mg/l)	SO_4 (mg/l)	HCO_3 (mg/l)	weitere Bestandteile (mg/l)				
1 765	133	513	2 690	1 066	995	Sr 9,4; Br 1,7	650	10,9	Na-Ca-Cl	18; 23; 106
27	86	554	28	1 485	220		–	–	Ca-SO_4	13; 22; 106
40	195	314	50	1 378	214		–	–	Mg-Ca-SO_4	
65	25	94	82	11	299	Li 1; S_{ges} 17,5	14	13,3	S-Wasser	58
1 020	198	860	1 920	1 340	1 400	K 35; Sr 13,2	3 165	10,0	Na-Ca-Cl-SO_4-HCO_3	15; 84
16	56	236	19	550	323		–	17,7	Ca-Mg-SO_4-HCO_3	16; 81
239	74	340	372	847	336		–	13,1	Ca-Na-SO_4-Cl	
9	45	152	20	291	329		–	14,9	Ca-Mg-SO_4-HCO_3	
27	72	244	43	100	970	Sr 1,8	1 100	13,2	Ca-Mg-HCO_3	39; 43
30	71	291	40	95	1 137	Sr 3,3	1 190	11,4	Ca-Mg-HCO_3	
8	35	124	21	46	466		265	–	Ca-Mg-HCO_3	
14	37	171	9	313	333	Sr 15,5	71	12,2	Ca-Mg-SO_4-HCO_3	
20	41	579	42	1 320	274		35	12,8	Ca-SO_4	12; 46; 106
18	68	560	30	1 406	250		34	12,6	Ca-SO_4	
19	44	166	42	392	227	Sr 2,1	125	11,8	Ca-Mg-SO_4-HCO_3	
390	72	637	467	1 707	395	Sr 11,5	105	13,8	Ca-Na-SO_4-Cl	
25	85	323	45	905	248	Sr 2,4	102	11,5	Ca-Mg-SO_4	
272	51	512	296	1 345	351	Sr 9,6	81	11,7	Ca-Na-SO_4	
452	81	662	721	1 590	392	Sr 11,7	121	12,7	Ca-Na-SO_4-Cl	
280	51	555	300	1 450	336		–	–	Ca-Na-SO_4-Cl	

Tabelle 3   Ostwestfalen-Lippe   (Fortsetzung)

lfd. Nr.	Ort	Name	TK 25: Blatt-Nr.	Tiefe (m unter Gelände-ober-kante)	Jahr	geol. Einheit	Probe-nahme	Summe d. gelösten Feststoffe (mg/l)
Abfüllung in Brunnenbetrieben								
33	Lügde	Katharinen-Quelle	4021	66	1975	so+sm	3/95	1 335
	Lügde	Brunnen 1	4021	105	1988	so+sm	3/95	2 342
	Lügde	Brunnen 2	4021	80	1987	so+sm	1988	1 508
	Lügde	Brunnen 3	4021	84	1989	so+sm	11/88	3 458
34	Bad Meinberg	B 6 (Beinkerbruch)	4019	124	1977	km4	5/95	1 749
35	Steinheim-Vinsebeck	Graf-Metternich-Qu.	4120	46	1973	so	6/85	3 109
	Steinheim-Vinsebeck	Graf-Simeon-Quelle	4120	50	1978	mu+so	6/85	2 946
	Steinheim-Vinsebeck	Varus-Quelle	4120	25	1972	mo	3/88	668
	Steinheim-Vinsebeck	Vinsebecker Säuerling	4120	29	1969	sm	6/85	966
	Warburg-Germete	Antonius-Quelle	4520	10	1904	sm	2/86	3 299
	Warburg-Germete	Diemeltaler Quelle	4520	121	1991	mu	4/93	682
	Warburg-Germete	Germeta-Quelle	4520	172	1995	mu	4/95	1 027
	Warburg-Germete	Warburger Waldquell	4520	242	1995	mu+so	8/96	1 336
Sonstige Vorkommen								
	Brakel-Schmechten	Met-Brunnen [z]	4320	2	1968	so	9/95	2 988
36	Dankersen	Schwefel-Quelle [v]	3719	10	1924	q	3/65	856
	Höxter	Sole-Brg. Barbara [v]	4222	161	1971	sm	4/71	44 934
37	Höxter-Godelheim	Benediktus-Qu. [z]	4222	10	1964	q+sm	6/64	5 174
38	Kalldorf	Mineral-Quelle [z]	3819	Quelle	–	mo	8/77	7 410
	Bad Meinberg	D 2 (Silvaticum) [v]	4119	1 110	1976	z	3/76	57 957
39	Nammen	Schwefel-Quelle [v]	3719	Quelle	1814	kru/jo	1887	1 225
40	Nieheim	Nikolaus-Br. [v]	4120	453	1977	sm	1/77	4 603
41	Petershagen-Bierde	Schwefel-Quelle Stehbrink [z]	3620	2	1876	kru	10/69	642
	Seebruch	Bitterwasser-Qu. [z]	3819	23	1947	km4	8/72	2 369
	Senkelteich	Schwefel-Quelle [z]	3819	8	1967	jl/ko	12/75	809
	Stemwede-Levern	Meyerhof V [z]	3616	16	1951	kru	9/55	2 093
42	Willebadessen	Egge-Quelle [z]	4320	13	1977	km/jl	9/85	1 962

| hydrochemischer Charakter | | | | | | | freies CO_2 | Temperatur (°C) | Typ | Literatur |
Na (mg/l)	Mg (mg/l)	Ca (mg/l)	Cl (mg/l)	SO_4 (mg/l)	HCO_3 (mg/l)	weitere Bestandteile (mg/l)				
215	39	118	150	340	442	Sr 2	170	10,7	$Na\text{-}Ca\text{-}SO_4\text{-}HCO_3\text{-}Cl$	55; 56
487	53	165	359	702	546	Sr 3,8	210	11,1	$Na\text{-}Ca\text{-}SO_4\text{-}Cl\text{-}HCO_3$	
163	59	181	140	501	385		–	–	$Ca\text{-}Na\text{-}Mg\text{-}SO_4\text{-}HCO_3$	
718	71	208	463	739	1 246		600	–	$Na\text{-}Ca\text{-}HCO_3\text{-}SO_4\text{-}Cl$	
24	71	356	13	946	290	Sr 19	33	11,6	$Ca\text{-}Mg\text{-}SO_4$	17; 91
294	84	476	250	1 005	959	Sr 7,8	1 165	10,7	$Ca\text{-}SO_4\text{-}HCO_3$	15
105	85	603	68	1 497	548	Sr 11,8	280	11,0	$Ca\text{-}SO_4\text{-}HCO_3$	
4	30	122	9	98	378	Sr 1,2	56	9,7	$Ca\text{-}HCO_3$	
57	37	148	54	216	416	Sr 1,6	2 295	10,3	$Ca\text{-}Mg\text{-}HCO_3\text{-}SO_4$	
430	98	465	954	576	702	Sr 7,1	1 000	9,1	$Ca\text{-}Na\text{-}Cl\text{-}SO_4\text{-}HCO_3$	15; 84
11	34	111	22	140	341	Sr 10	20	–	$Ca\text{-}Mg\text{-}HCO_3\text{-}SO_4$	
17	42	195	10	340	402		< 20	12,1	$Ca\text{-}Mg\text{-}SO_4\text{-}HCO_3$	
25	50	250	9	560	394	Sr 20; F 1	< 20	12,8	$Ca\text{-}Mg\text{-}SO_4\text{-}HCO_3$	
118	192	431	84	1 101	1 055		1 438	12,1	$Ca\text{-}Mg\text{-}SO_4\text{-}HCO_3$	106
63	19	130	104	187	296	K 32; S_{ges} 5,4	127	6,7	S-Wasser	15; 22; 69
	402	1 416	18 508	2 897	3 362	Na+K 12 280	3 250	13,9	Sole	15; 106
1 263	22	385	1 649	367	1 437	**Fe** 40,4	1 840	9,2	$Na\text{-}Ca\text{-}Cl\text{-}HCO_3$	32
2 020	75	474	2 588	1 337	891	K 20	–	–	$Na\text{-}Ca\text{-}Cl\text{-}SO_4$	12; 15
18 450	536	2 088	29 200	2 519	4 969	K 172; **Fe** 21	–	25,0	Thermalsole	17
1	24	400	59	736	291	HS 4,5	8	–	S-Wasser	15; 69
145	187	747	54	951	2 366	Sr 6,5; **Fe** 20,0	1 564	16,3	$Ca\text{-}Mg\text{-}HCO_3\text{-}SO_4$	15
11	41	107	63	133	284	S_{ges} 1,8	45	12,6	S-Wasser	69
37	86	522	56	1 122	226		46	14,5	$Ca\text{-}Mg\text{-}SO_4$	13; 15; 106
28	45	117	33	196	357	H_2S 7,8	81	8,1	S-Wasser	13; 15
151	108	264	12	820	688	Li 2; S_{ges} 53,7	77	11,1	$Na\text{-}SO_4\text{-}HCO_3$	15; 58; 106
18	52	463	18	1 176	223		26	11,6	$Ca\text{-}SO_4$	106

Tabelle 4   Münsterland

lfd. Nr.	Ort	Name	TK 25: Blatt-Nr.	Tiefe (m unter Gelände-ober-kante)	Jahr	geol. Einheit	Probe-nahme	Summe d. gelösten Feststoffe (mg/l)
	Balneologische Nutzung							
	Bad Lippspringe	Arminius-Quelle	4218	9	1832	krt	12/95	1 844
	Bad Lippspringe	Liborius-Quelle	4218	27	1902	krt	12/95	2 019
43	Bad Lippspringe	Martinus-Quelle	4218	507	1962	kru	12/95	1 717
44	Recke-Steinbeck	Schwefel-Quelle	3612	11	1822	kru	10/94	463
45	Salzkotten	Neuer Sprudel	4317	288	1904	krt	12/92	3 057
	Bad Sassendorf	Sole-Brg. B 13 n	4414	430	1993	kru/d	7/95	15 876
46	Bad Sassendorf	Sole-Brg. B 14 n	4414	411	1988	d	2/91	96 327
47	Bad Sassendorf	Sole-Brg. B 18	4315	204	1985	krc/krt	2/92	50 340
48	Tecklenburg	Schwefel-Quelle	3712	–	1900	kru	7/93	1 549
	Vreden	Bad Holthausen Krankenhaus-Br.	3906	91	1965	kru	12/76	6 891
49	Bad Waldliesborn	Sole-Quelle I	4216	910	1901	dm	2/92	125 007
	Bad Waldliesborn	Sole-Quelle II	4216	898	1960	dm	3/92	103 132
	Bad Westernkotten	Sole-Quelle 1	4316	79	1845	krt	9/90	81 456
50	Bad Westernkotten	Sole-Quelle 2	4316	79	1965	krt	9/90	69 402

Na (mg/l)	Mg (mg/l)	Ca (mg/l)	Cl (mg/l)	SO$_4$ (mg/l)	HCO$_3$ (mg/l)	weitere Bestandteile (mg/l)	freies CO$_2$	Temperatur (°C)	Typ	Literatur
						hydrochemischer Charakter				
81	54	368	87	870	378	F 2,0	132	16,4	Ca-SO$_4$.-HCO$_3$	15; 73
119	49	380	114	849	500	F 2,0	211	15,3	Ca-SO$_4$.-HCO$_3$	
115	51	299	70	736	439	F 1,3	167	27,0	Ca-Na-SO$_4$.-HCO$_3$	37
18	29	61	55	66	207	H$_2$S 2,0	44	14,5	S-Wasser	3; 22
916	11	140	1 382	106	458		–	11,2	Na-Cl	74; 93; 130
4 970	117	800	8 950	350	546	K 65; Sr 47	160	16,1	Na-Cl	27; 107
4 530	372	1 773	56 930	758	1 217	Li 16; K 490; Sr 129; Br 29	870	20,4	Thermalsole	
7 755	191	1 048	28 895	671	1 355	Li 3; K 250; Sr 96,2; Br 15	830	14,6	Sole	
12	46	364	20	824	281		–	11,3	Ca-SO$_4$-HCO$_3$, S-haltig	22; 135
3 720	12	86	2 674	75	295	K 27,8	111	10,8	Na-Cl	
5 040	318	2 271	73 460	1 435	1 440	Li 6,7; K 775; Sr 106; Fe 20,6; F 1,1; Br 38	710	34,8	Thermalsole	49; 74; 85; 94; 132
7 000	285	1 945	60 080	1 535	1 495	Li 13,4; K 565; Sr 85,4; F 1	780	34,2	Thermalsole	
8 800	239	1 783	47 000	1 333	1 760	Li 10,8; K 390; Sr 56; Fe 20,1; Br 16; I 1,3	1 700	20,2	Thermalsole	33; 35; 74; 131
5 000	209	1 542	39 250	1 290	1 660	Li 9,4; K 320; Sr 61; Br 16,2; I 1,3	1 900	20,1	Thermalsole	

Tabelle 4   Münsterland   (Fortsetzung)

lfd. Nr.	Ort	Name	TK 25: Blatt-Nr.	Tiefe (m unter Gelände-ober-kante)	Jahr	geol. Einheit	Probe-nahme	Summe c gelösten Feststoff (mg/l)
	Abfüllung in Brunnenbetrieben							
	Bielefeld-Ummeln	Brunnen 2	4016	81	1966	krcc-krsa	11/95	1 253
	Bielefeld-Ummeln	Brunnen 4	4016	74	1973	krcc-krsa	11/95	2 185
	Bielefeld-Ummeln	Brunnen 5	4016	61	1973	krcc-krsa	11/95	1 291
	Bielefeld-Ummeln	Brunnen 9	4016	50	1986	krcc-krsa	11/95	682
	Bielefeld-Ummeln	Brunnen 10	4016	65	1986	krcc-krsa	11/95	2 001
51	Bielefeld-Ummeln	Brunnen 11	4016	33	1986	krcc-krsa	11/95	622
	Bielefeld-Ummeln	Brunnen 12	4016	85	1987	krcc-krsa	11/95	1 125
	Bielefeld-Ummeln	Brunnen 13	4016	70	1987	krcc-krsa	11/95	575
	Bielefeld-Ummeln	Brunnen 14 a	4016	53	1987	krcc-krsa	11/95	463
	Bielefeld-Ummeln	Brunnen 14 b	4016	53	1987	krcc-krsa	11/95	455
	Borgholzhausen	Westfalenborn	3915	38	1962	q/krt	3/95	1 517
	Borgholzhausen	Marien-Brunnen 1	3915	15	1962	q	3/95	1 652
	Borgholzhausen	Marien-Brunnen 2	3915	30	1977	q	3/95	2 076
52	Borgholzhausen	Ravenna-Brunnen	3915	23	1976	q	3/95	1 621
53	Dorsten	Durstina-Brunnen	4308	552	1984	krsa+krt	2/85	1 093
54	Gütersloh-Isselhorst	Feldquell-Brunnen	4016	45	1983	kro	2/88	1 743
	Sonstige Vorkommen							
	Bielefeld-Ummeln	Brunnen 3 [v]	4017	76	1977	krcc-krsa	1987	899
	Bielefeld-Ummeln	Margareten-Qu. [v]	4016	52	1956	krcc-krsa	6/86	1 495
	Borgholzhausen	Wünschel-Br. [v]	3915	13	1924	q	4/77	15 654
	Halle/Westf.	Brg. Condetta [v]	3916	509	1950	kro	6/50	–
55	Halle/Westf.	Linden-Brunnen [v]	3916	245	1958	krt	9/65	1 288
56	Hamm	Haus Werries [v]	4313	715	1876	krt	2/62	83 452
57	Lippstadt	Br. Willibald [v]	4316	35	–	krcc	10/71	737

hydrochemischer Charakter							freies CO$_2$	Temperatur (°C)	Typ	Literatur
Na (mg/l)	Mg (mg/l)	Ca (mg/l)	Cl (mg/l)	SO$_4$ (mg/l)	HCO$_3$ (mg/l)	weitere Bestandteile (mg/l)				
410	1	2	315	80	442	F 3,7	–	12,6	Na-Cl-HCO$_3$	16; 47; 81; 87
738	8	12	815	78	531	F 6,4	–	12,6	Na-Cl-HCO$_3$	
424	2	3	342	73	445	F 4,1	–	12,1	Na-Cl-HCO$_3$	
134	8	58	65	59	354	F 3,2	–	13,9	Na-Ca-HCO$_3$-Cl	
658	2	2	600	96	641	F 6,2	–	12,1	Na-Cl-HCO$_3$	
167	4	11	57	58	323	F > 1	–	12,8	Na-HCO$_3$-Cl	
353	4	14	344	24	384	F > 1	–	12,3	Na-Cl-HCO$_3$	
94	8	68	90	38	276	F > 1	–	12,7	Na-Ca-HCO$_3$-Cl	
44	7	77	32	88	214	F > 1	–	11,3	Ca-Na-HCO$_3$-SO$_4$	
35	7	81	28	88	214	F > 1	–	12,3	Ca-Na-HCO$_3$-SO$_4$	
370	6	112	447	89	445	Sr 2,3	60	12,6	Na-Ca-Cl-HCO$_3$	29; 52; 96
445	5	79	454	106	509	Sr 2,1	42	11,1	Na-Cl-HCO$_3$	
550	7	119	680	128	534	Sr 3,2	51	11,4	Na-Cl-HCO$_3$	
407	6	107	474	100	479	Sr 2,2	36	11,4	Na-Ca-Cl-HCO$_3$	
256	14	76	431	18	240	Sr 6,9	20	12,3	Na-Ca-Cl-HCO$_3$	
505	12	73	782	83	238	K 33; Sr 6; Br 3	86	11,3	Na-Cl	87
267	1	5	165	34	403	F 3,3	–	–	Na-HCO$_3$-Cl	16; 81; 87
455	1	1	259	11	744	F 5,7	n. n.	11,1	Na-HCO$_3$-Cl	16; 81
5 620	93	158	8 510	889	293	K 68	277	16,3	Sole	52
507	–	–	4 240	–	–		–	21	Na-Cl	15
390	3	13	260	128	482		n. n.	11,2	Na-HCO$_3$-Cl	15
9 631	248	1 787	47 998	1 490	1 736	K 494; Fe 25,4	728	30	Thermal-Sole	22; 100
60	26	96	43	2	506		143	11	Ca-Na-Mg-HCO$_3$	74

Geographisches Institut
der Universität Kiel

Tabelle 4   Münsterland   (Fortsetzung)

lfd. Nr.	Ort	Name	TK 25: Blatt-Nr.	Tiefe (m unter Gelände-ober-kante)	Jahr	geol. Einheit	Probe-nahme	Summe d gelösten Feststoffe (mg/l)
Sonstige Vorkommen								
58	Paderborn	Ottilien-Quelle [z]	4218	–	16. Jh.	krt	1/96	2 065
59	Paderborn	Brg. Padulus [z]	4218	192	1915	kro	1/96	5 405
60	Rheine-Bentlage	Gottesgabe [z]	3710	440	1974	kru	2/75	49 974
61	Salzkotten	Sültsoiden [z]	4317	Quelle	–	krcc1	12/92	24 682
	Salzkotten	Neue Unitas [z]	4317	118	1980	krcc1	12/92	7 050
62	Soest	Brg. Blindenheim [v]	4414	60	1981	krt	4/81	9 394
63	Welver	Sol-Quelle Nateln [v]	4313	464	1898	kro	12/66	80 375
64	Werl	Brunnen Goebel [z]	4413	38	–	krsa-krcc	10/81	9 725
	Werl	Corda-Quelle [z]	4413	Quelle	–	krsa-krcc	1/93	2 865
	Bad Westernkotten	Königsborn XX [v]	4316	428	1855	krt	4/85	84 043
65	Bad Westernkotten	Erwitter Warte [v]	4316	381	1854	krt	4/85	84 140
66	Wettringen	Salz-Brunnen [z]	3709	Quelle	–	krl/krp	2/65	14 699

hydrochemischer Charakter							freies CO₂	Temperatur (°C)	Typ	Literatur
Na (mg/l)	Mg (mg/l)	Ca (mg/l)	Cl (mg/l)	SO$_4$ (mg/l)	HCO$_3$ (mg/l)	weitere Bestandteile (mg/l)				
497	8	201	850	74	415		–	16,9	Na-Ca-Cl-HCO₃	90
1 585	20	358	2 753	136	531	K 21,9	–	19,2	Na-Ca-Cl	73
8 580	164	619	30 050	4	470	K 48,4; I 1,1	106	14,3	Sole	108; 134
8 858	48	559	13 660	561	885	K 111	–	11,8	Sole	74; 106; 130
2 349	17	231	3 771	197	427	K 27,8	–	12,8	Na-Cl	
3 150	40	266	4 726	413	738	K 48	–	12,0	Na-Cl	93
9 350	173	1 760	47 230	1 137	1 690	K 180; Sr 50	2 000	21,5	Thermalsole	2; 86; 100
3 300	109	311	5 886	< 1	98	K 21	–	–	Na-Cl	
832	9	65	1 004	183	741		–	9,5	Na-Cl-HCO₃	
0 500	105	1 260	49 600	1 118	1 460		–	9,4	Sole	68; 74
9 000	125	1 400	50 700	1 375	1 540		–	20,1	Thermalsole	
5 427	52	196	8 793	–	183	K 24	–	–	Sole	71

Tabelle 5   Ruhrgebiet

lfd. Nr.	Ort	Name	TK 25: Blatt-Nr.	Tiefe (m unter Gelände-ober-kante)	Jahr	geol. Einheit	Probe-nahme	Summe c gelöster Feststoff (mg/l)
		Abfüllung in Brunnenbetrieben						
67	Bochum	Herzog-Quelle	4409	94	1973	krt 1	12/81	1 494
	Bochum	Lohberg-Quelle	4409	27	1957	krcc-krsa	12/81	1 890
	Bochum	Hellweg-Qu. (Br. IV)	4508	41	1978	krt 1	10/95	1 145
	Bochum	St. Martin (Br. II)	4508	42	1978	krt 1	11/95	1 332
68	Bochum	Aquella (Br. III)	4508	21	1980	krt 2	8/95	1 046
	Bochum	Shop-Brunnen (Br. I)	4508	23	1978	krt 2	11/95	1 409
	Bochum	Stadion-Brunnen (V)	4508	21	1978	krt 2	11/95	1 454
69	Bochum	Fortis-Brunnen (VI)	4508	44	1987	krt 1	10/95	1 194
	Bochum	Bohrung II	4409	84	1969	kro	11/71	1 069
	Dortmund	Ardey-Quelle	4411	61	1977	krcc-krsa	5/77	1 303
	Dortmund	Reinoldus-Br. (6.1)	4411	40	1991	krcc-krsa	7/92	1 322
	Dortmund	Reinoldus-Br. (6.2)	4411	30	1991	krcc-krsa	7/92	536
	Dortmund	Seltina-Br. (7.1)	4411	50	1991	krcc-krsa	6/92	1 304
70	Dortmund	Seltina-Br. (7.2)	4411	30	1991	krcc-krsa	6/92	752
71	Essen	Alt-Bürgerbrunn	4508	31	1991	krt1	2/92	1 064
72	Essen	Hetali-Quelle	4507	40	–	krcc-krsa	1/93	1 251
	Essen	Salinger Bronnen	4507	36	–	krcc-krsa	10/95	1 127
	Essen	Stifts-Quelle (2)	4508	26	1973	kro	3/92	1 032
	Essen	Stifts-Quelle (3)	4508	28	1977	kro	3/92	1 228
	Essen	Stifts-Quelle (4)	4508	81	1986	kro	3/92	648
	Essen	Stifts-Quelle (5)	4508	94	1987	kro	3/92	613
	Essen	Stifts-Quelle (6)	4508	51	1991	kro	3/92	1 231

hydrochemischer Charakter							freies CO$_2$	Temperatur (°C)	Typ	Literatur
Na (mg/l)	Mg (mg/l)	Ca (mg/l)	Cl (mg/l)	SO$_4$ (mg/l)	HCO$_3$ (mg/l)	weitere Bestandteile (mg/l)				
484	3	8	435	5	538		–	–	Na-Cl-HCO$_3$	1; 9
78	55	382	75	918	334		–	–	Ca-SO$_4$-HCO$_3$	
57	29	214	69	247	522		–	–	Ca-HCO$_3$-SO$_4$	
125	27	213	104	326	531				Ca-Na-HCO$_3$-SO$_4$	
96	22	160	44	181	540		–	–	Ca-Na-HCO$_3$-SO$_4$	
264	22	127	136	315	540		–	–	Na-Ca-HCO$_3$-SO$_4$-Cl	
155	34	200	83	318	654		–	–	Ca-Na-HCO$_3$-SO$_4$	
14	30	262	50	251	583		–	–	Ca-HCO$_3$-SO$_4$	
20	22	230	100	300	283		52	–	Ca-SO$_4$-HCO$_3$	1
228	19	114	201	190	475	Sr 5,1	48	–	Na-Ca-HCO$_3$-Cl-SO$_4$	1
355	3	12	81	35	826	Sr 1,6; F 2,2	15	11,7	Na-HCO$_3$	
66	18	97	49	103	381	Sr 5,6	60	11,1	Ca-Na-HCO$_3$-SO$_4$	
360	3	10	133	7	780	Sr 1,9; F 2,0	25	10,7	Na-HCO$_3$-Cl	
111	13	61	35	7	506	K 7,1; Sr 7	60	10,6	Na-Ca-HCO$_3$	
16	29	220	75	290	382		118	–	Ca-HCO$_3$-SO$_4$	1
65	30	160	58	458	320	K 117; Sr 2,2	50	–	Ca-SO$_4$-HCO$_3$	
69	37	149	57	412	304	K 56; Sr 2,2	–	–	Ca-Mg-SO$_4$-HCO$_3$	
9	25	231	58	340	359		–	13,3	Ca-SO$_4$-HCO$_3$	1
12	25	298	61	440	383		–	12,5	Ca-SO$_4$-HCO$_3$	
5	32	112	41	127	308	K 20	–	13,0	Ca-Mg-HCO$_3$-SO$_4$	
20	30	68	12	20	427	K 34	–	13,9	Ca-Mg-HCO$_3$	
12	35	280	58	460	374		–	12,4	Ca-SO$_4$-HCO$_3$	

Tabelle 5 Ruhrgebiet (Fortsetzung)

lfd. Nr.	Ort	Name	TK 25: Blatt- Nr.	Tiefe (m unter Gelände- ober- kante)	Jahr	geol. Einheit	Probe- nahme	Summe d. gelösten Feststoffe (mg/l)
Abfüllung in Brunnenbetrieben								
73	Essen-Borbeck	Schloß-Quelle	4507	32	1979	krcc-krsa	1/80	1 135
	Essen-Kray	Assindia-Quelle	4508	75	1975	co	10/76	1 255
	Essen-Kray	St. Eligius-Quelle	4508	75	1978	co	12/80	1 112
	Essen-Kray	Park-Brunnen	4508	156	1992	co	1992	1 327
	Mülheim a. d. Ruhr	Raffelberger Brunnen	4507	160	1983	co	8/92	3 053
74	Mülheim a. d. Ruhr	Ursteiner Brunnen	4507	65	1992	co	2/93	826
Sonstige Vorkommen								
	Essen	Burgwallbronn 1 (Schützenbahn) [v]	4508	70	>1920	co	3/72	1 119
	Essen	Burgwallbronn 3 (Söllingstr. 2 a) [v]	4508	37	1972	krt 1	2/94	ca. 1 100
	Essen-Altenessen	Monta-Mineralbr. [v]	4408	24	1957	krcc-krsa	7/80	1 108
	Herne	Minerva-Mineralbr. [v]	4409	45	1928	krcc-krsa	10/62	1 550
75	Recklinghausen	Vest-Quell [v]	4409	45	1971	krcc-krsa	2/77	1 239
76	Wanne-Eickel	Wilhelmsquelle [v]	4409	500	1891	c	9/49	79 355

	hydrochemischer Charakter						freies CO$_2$	Temperatur (°C)	Typ	Literatur
Na (mg/l)	Mg (mg/l)	Ca (mg/l)	Cl (mg/l)	SO$_4$ (mg/l)	HCO$_3$ (mg/l)	weitere Bestandteile (mg/l)				
13	45	230	84	378	336	K 15,2	–	–	Ca-Mg-SO$_4$-HCO$_3$	1; 128
20	37	218	45	218	559		123	–	Ca-Mg-HCO$_3$-SO$_4$	1; 127
16	41	207	49	217	542	K 12,3; Sr 3,0	–	–	Ca-Mg-HCO$_3$-SO$_4$	1
71	46	208	80	188	710	K 18,3; Sr 4,1	–	–	Ca-Mg-HCO$_3$-SO$_4$	
995	39	56	1 567	23	338	K 33	4	13,5	Na-Cl	
232	4	6	137	58	361	K 12	< 30	12,0	Na-HCO$_3$-Cl	
87	15	189	87	370	312		21	–	Ca-Na-SO$_4$-HCO$_3$	126
61	33	150	136	357	315		44	13,6	Ca-SO$_4$-HCO$_3$-Cl	
43	25	194	55	282	387	Sr 1,6	66	–	Ca-HCO$_3$-SO$_4$	1
125	12	307	118	498	488				Ca-Na-SO$_4$-HCO$_3$	1; 9
332	78	23	280	13	510	K 9,9; Sr 2,1	24		Na-Cl-HCO$_3$	1
26 072	822	3 293	48 681	4	126	K 309,5	140	37	Thermalsole	22

Tabelle 6   Niederrheinische Bucht

lfd. Nr.	Ort	Name	TK 25: Blatt-Nr.	Tiefe (m unter Gelände-ober-kante)	Jahr	geol. Einheit	Probe-nahme	Summe d. gelösten Feststoffe (mg/l)
Balneologische Nutzung								
77	Bad Godesberg	Kurfürsten-Quelle	5308	200	1962	du	11/62	3 362
78	Bad Honnef	Edelhoff-Thermal-Qu.	5309	502	1968	du	11/73	7 447
79	Bad Honnef	Grafenwerther Quelle	5309	701	1937	du	6/75	6 554
80	Köln-Deutz	Messe-Brunnen III	5007	364	1962	dm	3/90	13 990
Abfüllung in Brunnenbetrieben								
81	Bad Godesberg	Draitsch-Brunnen	5308	70	1865	du	1987	4 638
	Bad Honnef	Ägidius-Brunnen	5309	48	1983	du	7/85	1 464
82	Bad Honnef	Drachen-Quelle	5309	249	1898	du	7/85	5 183
	Bad Honnef	Fürsten-Quelle	5309	40	1989	du	10/94	1 307
83	Bornheim-Roisdorf	Roisdorfer (V)	5208	175	1964	du	3/95	4 231
84	Bornheim-Roisdorf	Neu-Roisdorfer (VI)	5208	51	1985	ol	1/96	921
	Bornheim-Roisdorf	Markus-Br. (VII)	5208	245	1985	du	11/88	2 284
	Bornheim-Roisdorf	Quelle Acht (VIII)	5208	50	1991	ol	7/93	1 012
	Duisburg-Walsum	Brunnen B 6	4406	282	1985	t+kro	7/90	863
	Duisburg-Walsum	Brunnen B 6 f	4406	265	1986	t+kro	7/90	808
85	Duisburg-Walsum	Burgwallbronn	4406	275	1985	t+kro	7/90	915
	Duisburg-Walsum	Rheinfels-Quelle	4406	260	1986	t+kro	7/90	777
	Duisburg-Walsum	Römerwall-Quelle	4406	235	1986	t+kro	7/90	855
	Duisburg-Walsum	Brunnen L 6 f	4406	246	1986	t+kro	7/90	834
	Erkrath	Cora-Quelle	4807	240	1987	do	1/96	435
	Erkrath	Kronsteiner Brunnen	4807	223	1988	do	1/96	428
86	Erkrath	Rheinfürst-Brunnen	4807	408	1986	d	10/95	451
87	Haan	Haaner Felsen-Qu.	4807	146	1982	dm	2/95	448
	Haan	Pattbrunnen	4807	80	1986	dm	2/95	446
	Moers	Union Brunnen 6	4505	155	1986	ol	8/86	1 017
	Moers	Union Brunnen 7	4505	155	1986	ol	8/86	1 074

| hydrochemischer Charakter | | | | | | | freies CO2 | Temperatur (°C) | Typ | Literatur |
Na (mg/l)	Mg (mg/l)	Ca (mg/l)	Cl (mg/l)	SO_4 (mg/l)	HCO_3 (mg/l)	weitere Bestandteile (mg/l)				
804	70	65	439	201	1 741	K 32,6	2 056	14,5	Na-HCO_3-Cl	41; 44; 77
1 520	327	195	1 280	371	3 671	K 35,4; Br 2,3	1 428	20,6	Na-Mg-HCO_3-Cl	5; 41; 77; 112
1 415	253	111	978	276	3 430	K 37,8; Fe 16,7	1 518	19,2	Na-Mg-HCO_3-Cl	
3 805	319	588	5 960	755	2 459	K 80; Sr 13,8	1 530	21,0	Na-Cl	28; 30; 77; 97
1 040	123	102	605	255	2 441	K 16,5	3 234	13,0	Na-HCO_3-Cl	22
295	45	44	144	119	764	K 13,5; Li 1	680	12,9	Na-HCO_3-Cl	5; 22; 77; 112
1 155	159	80	574	194	2 961	Li 3,5; K 30,6	2 070	13,8	Na-HCO_3-Cl	
258	45	43	130	98	719	K 12,5	–	–	Na-Mg-HCO_3-Cl	
1 075	91	127	987	342	1 605		2 080	–	Na-HCO_3-Cl	118; 124; 125
50	27	155	71	241	342	K 19	>1 000	–	Säuerling	
445	51	153	415	286	885	K 25; Li 1	415	13,3	Na-Ca-HCO_3-Cl	
115	28	119	106	181	428	K 16,9	290	12,0	Ca-Na-HCO_3-SO_4-Cl	
249	< 1	< 1	141	17	446	K 7,2	–	12,9	Na-HCO_3-Cl	51
232	< 1	< 1	125	15	427	K 7,3	–	13,0	Na-HCO_3-Cl	
258	< 1	< 1	118	10	519	K 8,2	–	12,0	Na-HCO_3	
221	< 1	1	127	17	400	K 8	–	12,8	Na-HCO_3-Cl	
242	< 1	2	125	13	464	K 8,3	–	12,3	Na-HCO_3-Cl	
238	< 1	1	121	15	452	K 7,2	–	11,8	Na-HCO_3-Cl	
34	9	63	8	15	301	K 4,2	0	–	Ca-Na-HCO_3	
34	9	62	9	15	295	K 4,1	–	–	Ca-Na-HCO_3	
32	10	66	6	14	317	K 5	–	12,0	Ca-Na-HCO_3	
24	18	76	53	93	180	K 3,7	–	–	Ca-HCO_3-SO_4	38
24	17	75	52	93	180	K 3,8	–	7,6	Ca-Mg-HCO_3-SO_4	
299	7	6	278	5	378	K 12,8; F 1,4	6	12,5	Na-Cl-HCO_3	51
311	8	11	298	5	395	K 12,6; F 1,6	6	12,7	Na-Cl-HCO_3	

Tabelle 6   Niederrheinische Bucht   (Fortsetzung)

lfd. Nr.	Ort	Name	TK 25: Blatt-Nr.	Tiefe (m unter Gelände-ober-kante)	Jahr	geol. Einheit	Probe-nahme	Summe d. gelösten Feststoffe (mg/l)
Abfüllung in Brunnenbetrieben								
88	Moers	Union Brunnen 9	4505	142	1986	ol	12/90	869
	Moers	Union Brunnen 10	4505	176	1991	ol	4/92	854
	Wegberg	Kreuzwald-Quelle	4803	60	1985	t	3/87	106
89	Wegberg	Wildenrath-Quelle	4803	367	1973	t+kro	12/85	1 599
90	Wesel	Mercator-Quelle	4305	223	1986	ol	4/96	1 084
	Wesel	Vesalia-Quelle	4305	225	1985	ol	4/96	1 206
Sonstige Vorkommen								
91	Bocholt	Atlantis-Quelle [v]	4105	180	1976	ol	6/77	1 357
	Bonn	Bonnaris [v]	5208	17	1956	q	1959	2 620
	Bad Godesberg	Obere Quelle [v]	5308	41	1874	du	1955	2 327
92	Grefrath	Dorenburg-Qu. [v]	4604	298	1980	cu	10/85	16 816
	Jackerath	Bohrung	4904	760	1996	dm	7/96	7 168
93	Kevelaer	Sole-Thermal-Brg. [z]	4403	554	1995	c	9/95	20 164
	Köln-Deutz	Messe-Br. I [v]	5007	251	1931	dm	1931	13 980
	Köln-Deutz	Messe-Br. II [v]	5007	120	1932	t	1932	8 768
	Köln-Deutz	Messe-Br. IV [v]	5007	1 027	1976	dm	11/76	13 814
94	Köln-Stammheim	Engelbertus-Br. [v]	5007	70	1912	t	8/47	5 714
95	Krefeld	Krefelder Sprudel [v]	4605	278	1891	co	1896	7 821
96	St. Augustin	St. Augustin I [v]	5209	645	1973	du	1/73	3 002

58

hydrochemischer Charakter							freies CO$_2$	Temperatur (°C)	Typ	Literatur
Na (mg/l)	Mg (mg/l)	Ca (mg/l)	Cl (mg/l)	SO$_4$ (mg/l)	HCO$_3$ (mg/l)	weitere Bestandteile (mg/l)				
234	8	16	220	3	354	K 11,4	–	–	Na-Cl-HCO$_3$	
224	9	16	218	3	337	K 13	–	–	Na-Cl-HCO$_3$	
5	2	15	10	5	46	K 1,2	–	–		
466	4	11	339	8	720	Li 1; K 14,5; F 3,9	–	–	Na-HCO$_3$-Cl	67
293	15	36	360	79	265		4	11,9	Na-Cl-HCO$_3$	51
331	16	48	424	95	256		4	11,6	Na-Cl-HCO$_3$	
372	21	43	511	29	339	K 20,8	11	12,7	Na-Cl-HCO$_3$	
549	73	204	787	302	706		1 932	12,5	Na-Ca-Cl-HCO$_3$	
426	83	107	246	129	1 317	K 13,3; Fe 5,6	1 782	11,1	Na-Mg-HCO$_3$-Cl	125
5 350	173	603	9 770	53	514	Li 12; K 234; F 1,5; Br 15	130	14,2	Na-Cl	122
2 342	62	91	3 345	72	1 220	K 32	–	23	Na-Cl	
6 720	260	462	11 300	756	381	Li 3,3; K 186; Br 19; I 1,6	100	26,8	Thermalsole	
3 770	319	595	5 891	753	2 532	K 81,6	1 933	19,8	Na-Cl	19; 28; 75; 97
2 505	177	238	3 630	429	1 659	K 112	1 945	15	Na-Cl	
3 699	325	604	5 817	731	2 524	K 69; **Fe** > 20	1 417	28,5	Na-Cl	
1 417	95	365	2 110	401	1 259	K 34	1 680	< 20	Na-Ca-Cl-HCO$_3$	6
2 700	86	109	4 397	1	452	K 50; Ba 6,3	8	14	Na-Cl	19; 129
848	18	11	402	54	1 643	K 18; **F** 3	128	21,7	Na-HCO$_3$-Cl	40; 82

Tabelle 7   Hessen

lfd. Nr.	Ort	Name	TK 25: Blatt- Nr.	Tiefe (m unter Gelände- ober- kante)	Jahr	geol. Einheit	Probe- nahme	Summe d. gelösten Feststoffe (mg/l)
				Balneologische Nutzung				
97	Arolsen	Schloß-Brunnen	4620	404	1971	su	6/72	1 762
98	Biskirchen/Lahn	Karls-Sprudel	5415	35	1896	dm	11/71	2 247
99	Eibach	Steinbruch-Qu. (neu)	5215	266	1964	dm	4/65	1 863
100	Bad Emstal	Thermal-Brunnen	4721	796	1976	z	5/76	4 031
101	Geismar	Donar-Quelle	4821	Qu.	<1941	m+s	4/72	1 929
102	Hofgeismar	Gesund-Brunnen	4522	60	–	sm	5/65	2 874
103	Bad Karlshafen	Neue Sole-Brg.	4322	70	1968	sm	11/68	13 401
104	Kassel-Wilhelmshöhe	Thermalsole-Quelle (Brg. 3)	4622	674	>1975	sm	5/79	31 520
105	Oberelsungen	Brunnen	4621	230	1968	sm	5/80	6 899
106	Schwalbach	Schacht-Brunnen	5516	4	<1897	cu	1897	1 042
107	Volkmarsen	Sauer-Brunnen II	4520	36	–	sm	6/72	774
108	Westuffeln	Brunnen I	4522	200	1961	sm	2/68	2 636
109	Bad Wildungen	Helenen-Quelle *)	4820	73	1951	cu	4/72	4 980
110	Bad Wildungen	Georg-Viktor-Qu. *)	4820	199	1958	dm	10/66	2 215
111	Bad Wildungen- Reinhardshausen	Reinhards-Quelle *)	4820	Qu.	<1619	dm	5/62	1 073
				Abfüllung in Brunnenbetrieben				
112	Niederselters	Quellfassung	5615	4	–	du	1950	4 664
113	Oberselters	Schacht	5615	12	18. Jh.	du	1945	2 973

*)   auch Abfüllung in Brunnenbetrieb

60

Na (mg/l)	Mg (mg/l)	Ca (mg/l)	Cl (mg/l)	SO$_4$ (mg/l)	HCO$_3$ (mg/l)	weitere Bestandteile (mg/l)	freies CO$_2$	Temperatur (°C)	Typ	Literatur
55	85	320	13	986	287		46	14,3	Ca-Mg-SO$_4$	62; 65
901	125	417	1 285	24	2 116		4 909	11	Na-Ca-Cl-HCO$_3$	62; 133
831	54	155	1 550	8	302		25	10,6	Na-Cl	62; 133
416	68	705	503	1 887	387		156	26,8	Ca-Na-SO$_4$-Cl	62; 110
102	99	273	174	184	1 078		1 826	8,4	Ca-Mg-HCO$_3$	61; 62
497	99	223	587	420	1 031		2 616	–	Na-Ca-Mg-HCO$_3$-Cl-SO$_4$	15; 61; 62
4 647	97	239	7 171	609	634		–	10,9	Na-Cl	62; 80
10 700	244	902	17 258	2 015	281		83	25,6	Thermalsole	62
560	420	900	157	1 054	4 120		1 000	14,5	Ca-Mg- Na-HCO$_3$-SO$_4$	21; 61; 62
64	27	160	38	14	729		1 575	10,5	Ca-Na-HCO$_3$	61; 62
20	32	121	15	141	377		2 384	10,2	Säuerling	61; 62
88	129	398	112	317	1 556		1 916	13,0	Ca-Mg-HCO$_3$	21; 62; 83
672	254	346	616	26	3 040		1 934	11,9	Na-Mg-Ca-HCO$_3$-Cl	60; 62; 63; 66
139	112	255	8	144	1 542		1 615	15,2	Ca-Mg-Na-HCO$_3$	
13	67	152	11	34	788		1 818	11,3	Ca-Mg-HCO$_3$	60; 63
1 302	59	124	1 425	26	1 688	K 30	2 238	13,5	Na-Cl-HCO$_3$	62; 133
763	45	106	801	20	1 210		1 552	13,3	Na-Cl-HCO$_3$	

Tabelle 8   Niedersachsen

lfd. Nr.	Ort	Name	TK 25: Blatt-Nr.	Tiefe (m unter Gelände-ober-kante)	Jahr	geol. Einheit	Probe-nahme	Summe d. gelösten Feststoffe (mg/l)
Balneologische Nutzung								
114	Bad Bentheim	Alexis-Quelle	3608	5	1711	kru+jm	1/85	2 445
115	Bad Bentheim	Fürsten-Quelle	3608	1 187	1974	sm	1/91	304 911
116	Bad Eilsen	Georgen-Brunnen	3720	–	–	q	3/96	3 019
	Bad Eilsen	Nord-Brunnen	3720	10	<1918	q	3/96	1 501
	Bad Essen	Sole-Brg. Harpenfeld	3616	402	1975	jm	9/76	205 071
117	Bad Essen	Sole-Qu. Bergstraße	3616	227	1947	jm+jd	8/86	23 786
	Bad Laer	Augustinus-Quelle	3814	100	1971	krt	4/93	73 230
118	Bad Laer	Neue Martins-Quelle	3814	160	1973	krt 3	5/93	64 567
119	Melle	Neue Quelle	3716	117	>1929	km4	8/82	19 816
120	Bad Münder	Bitterwasser-Quelle	3822	42	1965	jm	10/96	4 988
	Bad Münder	St. Annen-Quelle	3822	12	1929	jm	10/96	2 554
121	Bad Münder	Neue Sole-Quelle	3822	117	1965	jm	10/96	78 540
	Bad Pyrmont	Eichenkeller-Quelle	4021	Qu.	19. Jh.	sm	9/93	522
	Bad Pyrmont	Friedrichs-Quelle	4021	Qu.	1914	sm	11/93	2 202
122	Bad Pyrmont	Helenen-Quelle	4021	Qu.	1844	so+sm	11/93	3 226
	Bad Pyrmont	Hylliger Born	4021	Qu.	3. Jh.	sm	11/93	821
	Bad Pyrmont	Luisen-Quelle	4021	32	1951	so	11/93	4 357
	Bad Pyrmont	Trampelsche Quelle	4021	Qu.	–	sm	11/93	955
	Bad Pyrmont	Gewölbe-Quelle (Staatl. Säuerling)	4021	Qu.	1717	sm	1/93	990
	Bad Pyrmont	Turm-Quelle (Staatl. Säuerling)	4021	Qu.	1973	sm	1/93	–
	Bad Pyrmont	Hufeland-Quelle 2	4021	Qu.	1838	sm	11/93	12 582
	Bad Pyrmont	Wolfgang-Quelle 2	4021	27	1956	so+sm	11/93	5 245

62

hydrochemischer Charakter							freies CO$_2$	Temperatur (°C)	Typ	Literatur
Na (mg/l)	Mg (mg/l)	Ca (mg/l)	Cl (mg/l)	SO$_4$ (mg/l)	HCO$_3$ (mg/l)	weitere Bestandteile (mg/l)				
33	65	546	44	1 280	434	H$_2$S 13,6; S$_{ges}$ 15	24	12,4	Ca-SO$_4$-HCO$_3$	59; 102; 120; 121
113 500	644	3 908	185 029	913	42	K 574; Br 217; I 2,3	179	40	Thermalsole	
82	126	590	74	1 739	403	S 51	132	10,9	Ca-Mg-SO$_4$	15; 120
51	65	272	99	548	464	S 25,5	352	10,9	Ca-Mg-SO$_4$-HCO$_3$	
77 425	359	2 050	121 907	3 030	149	K 127,5	67	> 20	Thermalsole	58; 70; 106; 109
8 960	47	191	13 915	225	415	K 20; Br 5,5	13	13,3	Sole	
25 722	214	1 709	40 040	3 033	2 251	K 239; Fe 21,7	–	10,2	Sole	89; 95; 106; 120;121
22 658	185	1 514	35 200	2 533	2 257	K 211	1 491	20,6	Thermalsole	
6 310	122	663	8 013	3 683	961	K 33	1 090	15,5	Na-Cl-SO$_4$	15; 120; 121
726	117	726	1 180	1 935	292		126	10,3	Ca-Na-SO$_4$-Cl	54; 119; 120; 121
762	7	30	331	761	659	F 1,4	73	10,4	Na-SO$_4$-HCO$_3$-Cl, S-haltig	
28 300	167	1 450	43 250	5 090	214	K 61,9	123	11,8	Sole	
10	25	71	26	23	264		726	11,9	Ca-Mg-HCO$_3$	6; 55; 56; 117; 120; 121
84	78	376	130	733	644		1 650	11,0	Ca-Mg-HCO$_3$-SO$_4$	
92	113	546	122	1 112	970	Fe 17,6	2 970	12,2	Ca-Mg-SO$_4$-HCO$_3$	
29	33	139	48	155	426	Fe 8,3	1 650	11,9	Ca-Mg-HCO$_3$-SO$_4$	
34	158	780	54	1 270	1 715		3 960	10,4	Ca-Mg-HCO$_3$-SO$_4$	
27	37	146	40	185	403		1 936	8,4	Ca-Mg-HCO$_3$-SO$_4$	
17	28	89	30	54	–		1 100	10,9	Säuerling	
20	31	109	28	91	–		1 716	10,7	Säuerling	
3 770	123	590	5 225	2 173	924	K 35,7; Sr 7,3	330	11,4	Na-Cl-SO$_4$	
1 430	52	198	1 760	715	875	K 14	1 584	10,7	Na-Cl	

Tabelle 8   Niedersachsen   (Fortsetzung)

lfd. Nr.	Ort	Name	TK 25: Blatt-Nr.	Tiefe (m unter Gelände-ober-kante)	Jahr	geol. Einheit	Probe-nahme	Summe d. gelösten Feststoffe (mg/l)
Balneologische Nutzung								
	Bad Pyrmont	Salinen-Qu. 1	4021	227	1859	so+sm	11/93	49 626
123	Bad Pyrmont	Salinen-Qu. 2	4021	450	1970	sm+su	7/93	48 715
124	Bad Rothenfelde	Weidtman-Sprudel	3814	83	1926	krcc/krt	10/91	60 662
	Bad Rothenfelde	Wittekind-Sprudel	3814	181	1931	krt	5/93	32 374
Abfüllung in Brunnenbetrieben								
	Bad Pyrmont	Mühlenberg-Quelle	4021	77	1978	sm	10/93	1 988
Sonstige Vorkommen								
125	Aschendorf	Quelle [z]	3814	Qu.	–	krt	5/93	984
.	Hüsede	Haupt-Brunnen [z]	3616	30	18. Jh.	jm	3/74	2 411
	Bad Iburg	Schwefel-Quelle Bäumker [z]	3814	Qu.	–	jo/kru	8/93	1 133
126	Bad Iburg	Schwefel-Quelle Limberg 1 [z]	3814	Qu.	–	jo/kru	8/93	2 315
	Bad Laer	Springmeyer-Kolk [z]	3814	Qu.	–	krt	5/93	6 368
	Bad Laer	Quelle am Thie [z]	3814	100	–	krt	5/93	63 814

		hydrochemischer Charakter					freies CO_2	Temperatur (°C)	Typ	Literatur
Na (mg/l)	Mg (mg/l)	Ca (mg/l)	Cl (mg/l)	SO$_4$ (mg/l)	HCO$_3$ (mg/l)	weitere Bestandteile (mg/l)				
16 900	298	1 640	25 500	3 920	1 373	K 151; **Fe** 21,3	2 640	15,2	Sole	
15 500	303	1 470	24 800	4 002	891	K 135; **Fe** 20,2	1 540	15,8	Sole	
21 030	225	1 615	33 095	2 381	2 050	K 238; **Fe** 27,4	1 724	15,3	Sole	15; 120; 121
11 167	100	823	17 000	1 413	1 739	K 128	1 320	16,2	Sole	
386	46	178	365	655	329		n.b.	< 20	Na-Ca-SO$_4$-Cl-HCO$_3$	117
158	4	133	187	66	390		–	13,1	Na-Ca-HCO$_3$-Cl	15; 68
43	31	613	64	1 408	246	Sr 3	41	11,8	Ca-SO$_4$	58; 89; 106; 120
21	49	218	12	595	234	H$_2$S 1,6	–	10,3	Ca-Mg-SO$_4$-HCO$_3$, S-haltig	15
7	40	587	16	1 410	252	H$_2$S 8,6	–	11,2	Ca-SO$_4$, S-haltig	
2 058	22	264	3 100	293	567	K 20	–	11,7	Na-Cl	89; 95
22 203	211	1 543	35 000	2 415	2 233	K 200	–	15,1	Sole	

Tabelle 9   Rheinland-Pfalz

lfd. Nr.	Ort	Name	TK 25: Blatt-Nr.	Tiefe (m unter Gelände-ober-kante)	Jahr	geol. Einheit	Probe-nahme	Summe d. gelösten Feststoffe (mg/l)

Balneologische Nutzung

lfd. Nr.	Ort	Name	TK 25: Blatt-Nr.	Tiefe	Jahr	geol. Einheit	Probe-nahme	Summe d. gelösten Feststoffe (mg/l)
127	Bad Bodendorf	St.-Josef-Sprudel	5409	150	<1939	du	6/86	2 007
128	Bad Ems	Robert-Kampe-Spr. (Brg. I a)	5612	73	1935	du	9/83	3 689
129	Bad Hönningen	Deutschland-Sprudel	5409	373	1930	du	8/90	4 310
	Bad Neuenahr	Großer Sprudel	5408	90	1861	du	1/85	1 948
130	Bad Neuenahr	Walburgis-Therme	5408	359	1976	du	9/76	2 515

Abfüllung in Brunnenbetrieben

lfd. Nr.	Ort	Name	TK 25: Blatt-Nr.	Tiefe	Jahr	geol. Einheit	Probe-nahme	Summe d. gelösten Feststoffe (mg/l)
131	Brohl	Oranien-Quelle III	5509	308	1935	du	4/63	3 708
	Bad Ems	Kränchen-Versand-Qu. (Brg. IV)	5612	130	1935	du	1/85	4 409
132	Fachingen	Staatl. Mineral-Br.	5613	–	1960	du	10/84	2 604
	Bad Hönningen	Hubertus-Sprudel	5409	320	1908	du	4/70	3 874
133	Mendig	Reginaris-Quelle	5609	17	–	du	1952	2 908
	Bad Neuenahr	Apollinaris-Quelle	5409	55	1913	du	1954	3 953
134	Bad Tönisstein	Neue Quelle	5509	412	–	du	8/59	9 127

Sonstige Vorkommen

lfd. Nr.	Ort	Name	TK 25: Blatt-Nr.	Tiefe	Jahr	geol. Einheit	Probe-nahme	Summe d. gelösten Feststoffe (mg/l)
	Bad Neuenahr	Willibrordus-Spr. [z]	5408	377	1 905	du	1973	1 996

hydrochemischer Charakter							freies CO_2	Tem-pera-tur	Typ	Literatur
Na (mg/l)	Mg (mg/l)	Ca (mg/l)	Cl (mg/l)	SO_4 (mg/l)	HCO_3 (mg/l)	weitere Bestandteile (mg/l)		(°C)		
302	101	79	135	84	1 254	K 14,2; Fe 10	1 370	26,3	Na-Mg-HCO_3	6; 20; 57
963	39	39	579	26	1 934	F 1,2	560	58,4	Na-HCO_3-Cl	20; 105
895	154	99	579	185	2 306	K 43,4; Br 1,2	1 095	27,9	Na-Mg-HCO_3-Cl	20
296	85	75	67	60	1 307	K 21	1 435	32,8	Na-Mg-HCO_3	6; 20; 42; 77; 98; 112; 125
341	133	105	42	42	1 818	K 25; F 1,2	900	52	Na-Mg-HCO_3	
687	141	133	373	94	2 229	K 26,4	1 874	18,0	Na-Mg-HCO_3-Cl	57
1 115	56	66	586	63	2 418	K 25,5; F 1,1	730	50,0	Na-HCO_3-Cl	20; 57; 105; 125
500	62	113	139	48	1 723	K 14,6	1 300	12,5	Na-HCO_3	57; 115
807	133	86	445	176	2 163	K 41,8	1 327	26,3	Na-Mg-HCO_3-Cl	57; 77; 112
371	115	192	38	47	2 102	K 17,1; Fe 20	2 416	11	Na-Ca-Mg-HCO_3	6
787	129	107	253	180	2 456	K 36,9	3 100	26	Na-Mg-HCO_3	6; 77; 98; 112
2 137	292	133	1 519	215	4 767	Fe 17,2	1 588	16,9	Na-HCO_3-Cl	6; 57; 64
293	90	80	53	55	1 369		1 261	34	Na-Mg-HCO_3	42; 77; 112

Tabelle 10   Belgien

lfd. Nr.	Ort	Name	TK 25: Blatt-Nr.	Tiefe (m unter Gelände-ober-kante)	Jahr	geol. Einheit	Probe-nahme	Summe d. gelösten Feststoffe (mg/l)
Balneologische Nutzung								
135	Malmedy	Pouhon de Malmedy	–	Qu.	–	r	9/80	2 336
136	Spa	Pierre le Grand	–	21	19.Jh.	cb	9/80	708

Tabelle 11   Niederlande

lfd. Nr.	Ort	Name	TK 25: Blatt Nr.	Tiefe (m unter Gelände-ober-kante)	Jahr	geol. Einheit	Probe-nahme	Summe d. gelösten Feststoffe (mg/l)
Balneologische Nutzung								
137	Arcen	Klein Vink	–	888	1987	z	1987	31 869
138	Sint Anthonis	St. Anthonis	–	550	1985	t	5/86	> 20 000
139	Valkenburg a. d. Geul	Thermae 2002	–	382	1986	cu	3/87	3 597

hydrochemischer Charakter							freies CO_2	Tem-pera-tur (°C)	Typ	Literatur
Na (mg/l)	Mg (mg/l)	Ca (mg/l)	Cl (mg/l)	SO_4 (mg/l)	HCO_3 (mg/l)	weitere Bestandteile (mg/l)				
65	78	405	38	51	1 666	**Fe** 23	3 309	10,7	Ca-Mg-HCO_3	77; 112
62	43	46	41	22	467	**Fe** 22,8	2 843	12,2	Säuerling	77; 112

hydrochemischer Charakter							freies CO_2	Tem-pera-tur (°C)	Typ	Literatur
Na (mg/l)	Mg (mg/l)	Ca (mg/l)	Cl (mg/l)	SO_4 (mg/l)	HCO_3 (mg/l)	weitere Be-standteile (mg/l)				
0 300	320	1 040	18 100	618	903	Li 10; K 295; Sr 52; **F** 1,8; Br 25	176	27	Thermalsole	10
7 070	270	550	12 300	-	510	K 153; **I** 2,1; Br 45,5; **F** 1,2; Sr 26	–	–	Sole	
1 083	37	107	1 622	155	508	Li 1,8; K 49,7; Sr 6,2; **F** 2	51	24,5	Na-Cl	76

Verzeichnis der Schriften und Karten

Schriften

Die Nummern der Zitate beziehen sich auf die Angaben in der Spalte „Literatur" in den Tabellen. Zitate ohne Nummer sind nur im Text erwähnt.

[1] ALBERTS, B.; FUNK, G.; MICHEL, G. (1982): Mineralwasser-Nutzung im Ruhrgebiet. — Mineralbrunnen, **32:** 294 – 315, 3 Abb., 2 Tab.; Bonn-Bad Godesberg.

[2] ANGER, P.; MICHEL, G.; SEMMLER, W. (1968): Das Verschließen der „Solquelle" Nateln. — Glückauf-Forsch.-H., **29:** 43 – 50, 9 Abb., 2 Tab.; Essen.

[3] BÄSSLER, R. (1970): Hydrogeologische, chemische und Isotopen-Untersuchungen der Grubenwässer des Ibbenbürener Steinkohlenreviers. — Z. dt. geol. Ges., Sonderh. Hydrogeol. Hydrogeochem., **1970:** 209 – 286, 28 Abb., 19 Tab.; Hannover.

BRAND, E.; FRICKE, K.; HEDEMANN, H.-A. (1981): Das Vorkommen natürlicher Kohlensäure (CO_2) in der Bundesrepublik Deutschland. — DGMK-Ber., **202-1:** 1 – 90, 5 Abb., 4 Anl.; Hamburg (Dt. Ges. Mineralölwiss. u. Kohlechem.).

[4] BREDDIN, H. (1963): Neue Erkenntnisse zur Geologie der Aachener Thermalquellen. — Geol. Mitt., **1:** 211 – 238, 6 Abb., 2 Taf.; Aachen.

[5] BURRE, O. (1995), mit Beitr. von KNAPP, G.; VIETEN, K.: Erläuterungen zu Blatt 5309 Königswinter. — Geol. Kt. Nordrh.-Westf. 1 : 25 000, Erl., 5309, 3. Aufl.: 62 S., 5 Abb., 3 Tab.; Krefeld.

[6] CARLÉ, W. (1975): Die Mineral- und Thermalwässer von Mitteleuropa. Geologie, Chemismus, Genese. — XXIV + 643 S., 14 Abb., 1 402 Anal., 15 Kt.; Stuttgart (Wissenschaftl. Verlagsges.).

[7] CLAUSEN, C.-D. (1984), mit Beitr. von ERKWOH, F.-D.; GRÜNHAGE, H.; KAMP, H. VON; REHAGEN, H.-W.; WOLF, M.: Erläuterungen zu Blatt Hirschberg. — Geol. Kt. Nordrh.-Westf. 1 : 25 000, Erl., **4515:** 115 S., 11 Abb., 7 Tab., 3 Taf.; Krefeld.

[8] CLAUSEN, C.-D.; KOCH, M. (1981): Kaiser-Heinrich-Brunnen. — Geol. Kt. Nordrh.-Westf. 1 : 100 000, Erl., **C 4714:** 50 – 53, 1 Abb.; Krefeld.

[9] COLDEWEY, W. G. (1976): Hydrogeologie, Hydrochemie und Wasserwirtschaft im mittleren Emschergebiet. — Mitt. westf. Berggewerkschaftskasse, **38:** 143 S., 15 Abb., 33 Tab., 71 Anl.; Bochum.

[10] DASSEL, W. (1992): Zur Herkunft des Thermalwassers im nordlimburgischen Arcen. — Geldrischer Heimatkalender, **1992:** 148 – 164, 6 Abb., 2 Tab.; Geldern.

[11] DEUTLOFF, O. (1974): Die Hydrogeologie des nordwestlichen Weserberglandes in der Umgebung von Bad Salzuflen und Bad Oeynhausen. — Fortschr. Geol. Rheinld. u. Westf., **20:** 111 – 194, 12 Abb., 9 Tab., 4 Taf.; Krefeld.

[12] DEUTLOFF, O. (1995), mit Beitr. von DUBBER, H.-J.; JÄGER, B.; MICHEL, G.; VIETH-REDEMANN, A.: Erläuterungen zu Blatt 3818 Herford. — Geol. Kt. Nordrh.-Westf. 1 : 25 000, Erl., **3818,** 2. Aufl.: 182 S., 13 Abb., 17 Tab., 2 Taf.; Krefeld.

[13] DEUTLOFF, O.; HAGELSKAMP, H.; MICHEL, G. (1974): Über die Erdfall-Quelle von Bad Seebruch in Vlotho, Ostwestfalen. — Fortschr. Geol. Rheinld. u. Westf., **20:** 27 – 46, 6 Abb., 1 Tab.; Krefeld.

[14] DEUTLOFF, O.; KARRENBERG, H. (1969): Zum Wasserhaushalt der Mineralwässer im Raum Bad Salzuflen — Bad Oeynhausen. — Fortschr. Geol. Rheinld. u. Westf., **16:** 577 – 594, 4 Abb., 2 Tab., 2 Taf.; Krefeld.

Deutscher Bäderverband e. V.; Deutscher Fremdenverkehrsverband e. V. [Hrsg.] (1991): Begriffsbestimmungen für Kurorte, Erholungsorte und Heilbrunnen, 10. Aufl. — 69 S.; Bonn.

[15] DIENEMANN, W.; FRICKE, K. (1961), mit Beitr. von HARRE, W.; SCHMIDT-BERGER, R.; SCHNEIDER, S.: Mineral- und Heilwässer, Peloide und Heilbäder in Niedersachsen und seinen Nachbargebieten. — Schr. wirtschaftswiss. Ges. Stud. Niedersachs., N. F., **5** (5): 476 S., 52 Abb., 24 Tab., 197 Anl.; Göttingen.

[16] DÜMMER, M.; LÖER, B. (1991): Nutzung, Entstehung und Veränderungen der chemischen Beschaffenheit der Mineralwässer in Bielefeld. — bbr (Brunnenbau, Bau von Wasserwerken, Rohrleitungsbau) — Wasser u. Rohrb., **42:** 115 – 126, 5 Abb., 8 Tab.; Köln.

[17] FARRENSCHON, J. (1990), mit Beitr. von DUBBER, H.-J.; HEUSER, H.; MICHEL, G.: Erläuterungen zu Blatt 4119 Horn-Bad Meinberg. — Geol. Kt. Nordrh.-Westf. 1 : 25 000, Erl., **4119,** 2. Aufl.: 195 S., 13 Abb., 13 Tab., 1 Taf.; Krefeld.

[18] FARRENSCHON, J. (1995), mit Beitr. von HOFFMANN, M.; MICHEL, G.; WARSTAT, M.: Erläuterungen zu Blatt 4020 Blomberg. — Geol. Kt. Nordrh.-Westf. 1 : 25 000, Erl., **4020,** 2. Aufl.: 155 S., 9 Abb., 13 Tab., 1 Taf.; Krefeld.

[19] FLIEGEL, G. (1920): Über das Grundwasser des Rheintales bei Köln und die darin auftretenden Mineralquellen. — Z. prakt. Geol., **28:** 5 – 12, 3 Abb., 1 Taf.; Halle (Saale).

[20] Fremdenverkehrs- und Heilbäderverband Rheinland-Pfalz e. V. [Hrsg.] (1991): Das Bäderbuch Rheinland-Pfalz. — 147 S., zahlr, Abb.; Neustadt/Weinstr.

[21] FRICK, F.; PICKEL, H.-J. (1973): Geologie, Hydrologie und Chemismus von Mineralwasser- und Kohlensäurevorkommen nordwestlich von Kassel. — bbr (Bohrtechnik, Brunnenbau, Rohrleitungsbau), **24:** 215 – 220, 6 Abb., 1 Tab.; Köln.

[22] FRICKE, K. (1954): Entstehung, Beschaffenheit und räumliche Verbreitung der Heil- und Mineralquellen Nordrhein-Westfalens. — 40 S., 16 Abb.; Gütersloh (Flöttmann).

FRICKE, K. (1955): Eine chemisch-geologische Karte der Mineralquellen Nordrhein-Westfalens. — Geol. Jb., **69:** 491 – 500, 1 Taf.; Hannover.

[23] FRICKE, K. (1958): Die Neubohrung des Staatsbades Bad Meinberg an der Nessenberg-Quelle bei Schieder. — Heilbad u. Kurort, **10:** 120 – 121, 1 Abb.; Gütersloh.

[24] FRICKE, K. (1961): Zwei neue erfolgreiche Bohrungen im Heilquellengebiet von Bad Driburg. — Heilbad u. Kurort, **13:** 154; Gütersloh.

[25] FRICKE, K. (1962): Quellenbeobachtungen. — Heilbad u. Kurort, **14:** 210 – 214, 2 Abb.; Gütersloh.

[26] FRICKE, K. (1963 a): Das Heilquellengebiet von Bad Hermannsborn. — Heilbad u. Kurort, **15:** 172 – 174, 3 Abb., 1 Tab.; Gütersloh.

[27] FRICKE, K. (1963 b): Die neuen Solebohrungen der Saline und Solbad Sassendorf GmbH, zugleich Beitrag zur Hydrogeologie der Solevorkommen am Südrand des Münsterschen Beckens. — Heilbad u. Kurort, **15**: 102 – 108, 6 Abb., 1 Tab.; Gütersloh.

[28] FRICKE, K. (1963 c): Geologische, hydrologische und hydrochemische Ergebnisse der Mineralwasserneubohrung der Stadt Köln auf dem Messegelände in Köln-Deutz (Messebrunnen III). — gwf (Gas- u. Wasserfach) — Wasser/Abwasser, **104**: 336 – 341, 2 Tab.; München.

FRICKE, K. (1963 d): Vergleichende Betrachtungen über die Druck- und Mengenverhältnisse in CO_2-Gas-Vorkommen unter besonderer Berücksichtigung genutzter Mofetten. — Heilbad u. Kurort, **15**: 12 – 14, 2 Abb.; Gütersloh.

[29] FRICKE, K. (1964): Neue Mineralwasserbohrungen in Nordrhein-Westfalen 1962/63. — Heilbad u. Kurort, **16**: 14 – 20; Gütersloh.

[30] FRICKE, K. (1965/66): Geologische Ergebnisse neuer Mineralwasserbohrungen in Westfalen. — Z. dt. geol. Ges. [Jg. 1963], **115**: 736 – 750, 2 Abb., 1 Tab., 1 Taf.; Hannover.

[31] FRICKE, K. (1966 a): Die Heilquellen von Bad Driburg. — Heilbad u. Kurort, **18**: 126 – 127; Gütersloh.

[32] FRICKE, K. (1966 b): Die Neuerschließung der „heilsamen Mineralquelle bey Godelheim" (Haus Brunnen, Godelheim bei Höxter). — Heilbad u. Kurort, **18**: 102, 104, 1 Abb.; Gütersloh.

[33] FRICKE, K. (1966/67): Bemerkungen zu den Solquellen des Hellwegs (Erläutert am Beispiel Bad Westernkotten, Kr. Lippstadt). — Z. dt. geol. Ges. [Jg. 1964], **116**: 76 – 87, 4 Abb.; Hannover.

[34] FRICKE, K. (1967), unter Mitarb. von GRABERT, H.; ZIEGLER, W.: Das Heilquellengebiet von Bad Belecke (Möhne) und die Neuerschließung von Natrium-Chlorid-Wasser 1963. — Geol. Jb., **84**: 735 – 754, 5 Abb.; Hannover.

[35] FRICKE, K. (1968 a): Hydrogeologische und hydrochemische Ergebnisse der Sole-Neubohrung 1965 Bad Westernkotten. — Fortschr. Geol. Rheinld. u. Westf., **16**: 121 – 132, 3 Abb., 2 Tab.; Krefeld.

[36] FRICKE, K. (1968 b): Neue hydrogeologische Untersuchungen und Neubohrungen im Heilquellengebiet von Bad Hermannsborn, Nordrhein-Westfalen. — gwf (Gas- u. Wasserfach) — Wasser/Abwasser, **109**: 251 – 253, 1 Abb., 3 Tab.; Stuttgart.

[37] FRICKE, K. (1969): Die Thermalbohrung Bad Lippspringe 1962 (Martinus-Quelle). — Fortschr. Geol. Rheinld. u. Westf., **17**: 95 – 130, 4 Abb., 4 Tab., 1 Taf.; Krefeld.

[38] FRICKE, K. (1971): Die Haaner Felsenquelle — ein Heil- und Mineralbrunnen im Bergischen Land (Kreis Düsseldorf – Mettmann). — bbr (Bohrtechnik, Brunnenbau, Rohrleitungsbau), **22**: 246 – 250, 2 Abb; Köln.

[39] FRICKE, K. (1972): Erfolg, Problematik und Kontrolle einer extremen CO_2-gasreichen neuen Heilquellenbohrung und einer Mofette in Bad Driburg (Arteser-Eruptionen April und Juli 1972). — Heilbad u. Kurort, **24**: 245 – 252, 6 Abb., 1 Tab.; Gütersloh.

[40] FRICKE, K. (1974 a): Die Thermalwasserbohrung 1973 in St. Augustin/Raum Bonn. — bbr (Brunnenbau, Bau von Wasserwerken, Rohrleitungsbau), **25:** 155 – 158, 6 Abb.; Köln.

[41] FRICKE, K. (1974 b): Zwanzig Jahre Forschung und Beratung des Geologischen Landesamtes Nordrhein-Westfalen auf dem Sachgebiet Hydrogeologie der Mineral-, Heil- und Thermalwässer. — Fortschr. Geol. Rheinld. u. Westf., **20:** 451 – 476, 1 Tab.; Krefeld.

[42] FRICKE, K. (1977): Zur Hydrogeologie, Hydrochemie und Geothermik der neuen Thermalbohrung in Bad Neuenahr 1975/76 — unter besonderer Berücksichtigung des angetroffenen Basaltganges. — Heilbad u. Kurort, **29:** 8 – 19, 10 Abb.; Gütersloh.

[43] FRICKE, K. (1978): Expansion und Rezession in einem Heilbad mit Heil- und Mineralwasserversand. Auswirkungen auf Bohrtätigkeit und hydrogeologische Untersuchungen. Beispiel Bad Driburg. — Heilbad u. Kurort, **30:** 27 – 36, 5 Abb.; Gütersloh.

FRICKE, K. (1979): $^{13}C/^{12}C$-Untersuchungen des CO_2-Gases einer Mofette in Ostwestfalen sowie Vergleiche mit anderen $^{13}C/^{12}C$-Daten in Europa. — Mineralbrunnen, **29:** 5 – 7; Bonn-Bad Godesberg.

[44] FRICKE, K.; DEUTLOFF, O. (1964): Die geologischen und hydrogeologischen Ergebnisse der Mineralwasserneubohrung „Gartenstraße" in Bad Godesberg 1961/62. — gwf (Gas- u. Wasserfach) — Wasser/Abwasser, **105:** 305 – 311, 2 Abb., 4 Tab.; München.

[45] FRICKE, K.; HAASE, K. (1969): Die Bohrung „Neue Große Mofette 1967" (Jubiläums-Quelle) in Bad Meinberg. — Fortschr. Geol. Rheinld. u. Westf., **17:** 243 – 262, 8 Abb., 1 Tab.; Krefeld.

[46] FRICKE, K.; MICHEL, G. (1967): Das Mineralwasservorkommen des Steinbronns in Löhne, Kreis Herford — ein Beispiel für ein genutztes Calcium-Sulfat-Wasser. — bbr (Bohrtechnik, Brunnenbau, Rohrleitungsbau), **18:** 407 – 412, 6 Abb.; Berlin.

[47] FRICKE, K.; MICHEL, G. (1969): Hydrogeologische und hydrochemische Ergebnisse der Mineralwasserbohrung „Teutoburger Christinen-Brunnen" in Ummeln, Kreis Bielefeld. — bbr (Bohrtechnik, Brunnenbau, Rohrleitungsbau), **20:** 337 – 341, 4 Abb.; Köln.

[48] FRICKE, K.; WEVELMEYER, W. (1959): Die Neubohrung „Thermalsprudel III" im Staatsbad Salzuflen. — Heilbad u. Kurort, **11:** 61 – 64, 3 Abb.; Gütersloh.

[49] FRICKE, K.; WEVELMEYER, W. (1960): Neue Thermal-Sole-Bohrung in Bad Waldliesborn 900 m tief. — Heilbad u. Kurort, **12:** 158 – 162, 3 Abb.; Gütersloh.

[50] Geologisches Landesamt Nordrhein-Westfalen [Hrsg.] (1977): Der Alexander-von-Humboldt-Sprudel in Bad Oeynhausen. — Fortschr. Geol. Rheinld. u. Westf., **26:** VIII + 269 S., 79 Abb., 19 Tab., 10 Taf.; Krefeld.

[51] Geologisches Landesamt Nordrhein-Westfalen [Hrsg.] (1988): Geologie am Niederrhein, 4. Aufl. — 142 S., 39 Abb., 4 Tab.; Krefeld.

Geologisches Landesamt Nordrhein-Westfalen [Hrsg.] (1995): Geologie im Münsterland. — 195 S., 50 Abb., 6 Tab., 1 Taf.; Krefeld.

[52] GEYH, M. A.; MICHEL, G. (1981): Isotopen- und hydrochemische Betrachtungen über die Süßwasser/Salzwasser-Zone am Nordostrand des Münsterländer Beckens. — Z. dt. geol. Ges., **132:** 597 – 612, 8 Abb., 4 Tab.; Hannover.

[53] HERCH, A. (1995): New Investigations on Sulphur Species in the Aachen Thermal Waters. — In: PRATZEL, H. G. [Hrsg.]: Sulphur in Health Resort Medicine (2. Internat. Symp. 30. April – 1. May 1994 Bad Nenndorf/Germany): 29 – 35, 7 Abb., 3 Tab.; Geretsried (Intern. Soc. Medical Hydrol.).

[54] HERRMANN, R. (1967): Neuerschließung der Heilquellen von Bad Münder. — Heilbad u. Kurort, **19** (1): 29 – 32, 3 Abb., 1 Tab.; Baden-Baden.

[55] HERRMANN, R. (1969 a): Die Auslaugung der Zechsteinsalze im niedersächsisch-westfälischen Grenzgebiet bei Bad Pyrmont. — Geol. Jb., **87:** 277 – 294, 6 Abb., 2 Tab., 1 Taf.; Hannover.

[56] HERRMANN, R. (1969 b): Die Heilquellen von Bad Pyrmont, ihre Beschaffenheit und ihre Herkunft. — N. Arch. Niedersachs., **18:** 1 – 12; Göttingen.

HERRMANN, R. (1971): Natur und Geschichte der Dunsthöhle in Bad Pyrmont. — Ber. naturhist. Ges. Hannover, **115:** 15 – 35, 7 Abb.; Hannover.

HESEMANN, J. (1975): Geologie Nordrhein-Westfalens. — 416 S., 255 Abb., 122 Tab., 11 Taf.; Paderborn (Schöningh). — [Zugl. in: Bochumer geogr. Arb., Sonderr., 2]

[57] HEYL, K.-E. (1972), mit Beitr. von KAISER, J. H.; KIRSCHNER, C.; ZEWE, E.: Bäderbuch Rheinland-Pfalz. — 178 S., 19 Abb.; Mainz. – [Hrsg. Bäderarbeitsgemeinschaft Rheinland-Pfalz]

[58] HINZE, C. (1983), mit Beitr. von FAUTH, H.; GEISSLER, H.; KOCKEL, F.; KOSMAHL, W.; LEBKÜCHNER, H.; MENGELING, H.; OELKERS, K.-H.; SCHLÜTER, W.: Erläuterungen zu Blatt Nr. 3616 Preußisch Oldendorf. — Geol. Kt. Niedersachs. 1 : 25 000, Erl., **3616:** 100 S., 13 Abb., 3 Tab, 7 Kt.; Hannover.

[59] HINZE, C. (1988), mit Beitr. von FRÖHLICH, S.; GEISSLER, H.; GRAMANN, F.; IMAMOGLU, A. E.; KOCKEL, F.; LEBKÜCHNER, H.; OTTER, C. DEN; STANCU-KRISTOFF, G.; STEFFENS, P.; TÜXEN, J.: Erläuterungen zu Blatt Nr. 3608 Bad Bentheim. — Geol. Kt. Niedersachs. 1 : 25 000, Erl., **3608:** 120 S., 16 Abb., 4 Tab., 8 Kt.; Hannover.

[60] HÖLTING, B. (1966): Die Mineralquellen in Bad Wildungen und Kleinern (Landkreis Waldeck, Hessen). — Abh. hess. L.-Amt Bodenforsch., **53:** 59 S., 7 Abb., 9 Tab.; Wiesbaden.

[61] HÖLTING, B. (1981): Vorkommen und Verbreitung von tiefen Grundwässern des Na_2-SO_4-Typs in Hessen. — Geol. Jb. Hessen, **109:** 139 – 146, 1 Tab., 1 Taf.; Wiesbaden.

[62] HÖLTING, B. (1985): Erläuterungen zur Karte der Mineral- und Heilwasservorkommen in Hessen 1 : 300 000. — 37 S., 1 Abb., 1 Tab.; Wiesbaden (Hess. L.-Amt Bodenforsch.).

HÖLTING, B. (1996 a): Hydrogeologie. Einführung in die Allgemeine und Angewandte Hydrogeologie, 5. Aufl. — 441 S., 114 Abb., 46 Tab.; Stuttgart (Enke).

[63] HÖLTING, B. (1996 b): Hydrogeologie der Heil- und Mineralquellen von Bad Wildungen und Rheinhardshausen. — Schr.-R. dt. Bäderverb., **64:** 64 – 70, 2 Abb., 1 Tab.; Gütersloh.

[64] HOHBERGER, K.-H. (1996): Mineral- und Thermalwässer im Rheinischen Schiefergebirge. — Terra nostra, **7**: 28 – 32, 2 Abb., 2 Tab.; Köln.

[65] HORN, M. (1976), mit Beitr. von EHRENBERG, K.-H.; HÖLTING, B.; REICHMANN, H.; WENDLER, R.: Erläuterungen zur Geologischen Karte von Hessen 1 : 25 000, Blatt Nr. 4620 Arolsen. — Geol. Kt. Hessen 1 : 25 000 , Erl., **4620**: 225 S., 35 Abb., 9 Tab., 1 Taf., 1 Beil.; Wiesbaden.

[66] HORN, M.; KULICK, J.; MEISCHNER, D. (1973), mit Beitr. von BRENDOW, V.; EHRENBERG, K.-H.; HÖLTING, B.; KIRCHHEIMER, F.; KUTSCHER, F.; MEISL, S.; RABIEN, A.; SCHRICKE, W.; SEMMEL, A.; THIELICKE, G.; WENDLER, R.: Erläuterungen zur Geologischen Karte von Hessen 1 : 25 000, Blatt Nr. 4820 Bad Wildungen. — Geol. Kt. Hessen 1 : 25 000, Erl., **4820**: 386 S., 69 Abb., 20 Tab., 2 Taf., 3 Beil.; Wiesbaden.

[67] HOUBEN, G.; LANGGUTH, H.-R. (1996): Mineralwasser im Schwalm-Nette-Gebiet und seiner Umgebung. — In: KLOSTERMANN, J.; KRONSBEIN, S. [Hrsg.]: Der Raum Maas – Schwalm – Nette — Landes- und naturkundliche Beiträge: 83 – 90, 4 Abb., 1 Taf.; Krefeld. — [Zugl. in: Niederrhein. Landeskde., **11**; Natur am Niederrh., N.F., **11** (1/2)]

[68] HUYSSEN, A. (1855): Die Soolquellen des Westfälischen Kreidegebirges, ihr Vorkommen und muthmaasslicher Ursprung. — Z. dt. geol Ges., **7**: 17 – 252, 567 – 654, 21 Abb., 2 Tab., 6 Taf.; Berlin.

[69] KASPAR, F. (1993): Brunnenkur und Sommerlust. Gesundbrunnen und Kleinbäder in Westfalen. — 254 S., zahlr. Abb. u. Tab.; Bielefeld (Westfalen).

[70] KELLER, G. (1974): Der Bad Essener Sole- und Mineralwasserbezirk (Niedersachsen). — bbr (Brunnenbau, Bau von Wasserwerken, Rohrleitungsbau), **25**: 195 – 197; Köln.

[71] KEMPER, E. (1963): Geologischer Führer durch die Grafschaft Bentheim und die angrenzenden Gebiete. — 91 S., 25 Abb., 11 Tab., 7 Taf.; Nordhorn (Heimatverein der Grafschaft Bentheim).

[72] KNAUFF, W. (1978), mit Beitr. von DEUTLOFF, O.; JÄGER, B.; MICHEL, G.; WILL, K.-H.: Erläuterungen zu Blatt 3918 Bad Salzuflen. — Geol. Kt. Nordrh.-Westf. 1 : 25 000, Erl., **3918**: 143 S., 17 Abb., 18 Tab.; 5 Taf.; Krefeld.

[73] KOCH, M.; MICHEL, G. (1972), mit Beitr. von SCHRÖTHER, R.; VOGEL, K.: Hydrogeologische Karte des Kreises Paderborn und der angrenzenden Gebiete 1 : 50 000, Erläuterungen. — 82 S., 15 Abb., 5 Tab., 2 Taf.; Krefeld.

[74] KOCH, M.; MICHEL, G. (1979): Erläuterungen zu Blatt C 4314 Gütersloh. — Hydrogeol. Kt. Nordrh.-Westf. 1 : 100 000, Erl., **C 4314**: 109 S., 22 Abb., 18 Tab.; 2 Taf.; Krefeld.

[75] KÖHLER, H. (1938): Mineralquellen und mineralische Grundwasserströmungen im Kölner Stadtgebiet. — Z. prakt. Geol., **46**: 99 – 106, 2 Abb.; Halle (Saale).

[76] KRINGS, S.; LANGGUTH, H.-R. (1987): Hydrogeology of the Thermae boreholes (Valkenburg a/d Geul, the Netherlands). — Ann. Soc. géol. Belg., **110**: 85 – 95, 10 Abb., 5 Tab.; Liège.

[77] LANGGUTH, H.-R.; PLUM, H. (1984), unter Mitarb. von KIMMELMANN, A.-A.; HOLLERBACH, A.; WOLF, M.; SCHULZ, R.: Untersuchung der Mineral- und Thermalquellen der Eifel auf geothermische Indikationen. — Forsch.-Ber. B.-Minist. Forsch. u. Technol., **T 84-119:** 176 S., 44 Abb., 11 Tab.; Karlsruhe, Eggenstein-Leopoldshafen.

[78] LANGGUTH, H.-R.; SCHLOEMER, W.; SCHULZ, R. (1978): Neue Beobachtungen an den Aachener Thermalquellen. — bbr (Brunnenbau, Bau von Wasserwerken, Rohrleitungsbau), **29:** 217 – 220, 9 Abb.; Köln.

[79] LEICHTLE, T. (1981): Hydrochemie und Hydrodynamik der mesozoischen Aquifere im Bereich der Heilbäder Oeynhausen und Salzuflen (Ostwestfalen). — Mitt. Ing.- u. Hydrogeol., **11:** 122 S., 33 Abb., 3 Tab.; Aachen.

[80] LEPPER, J. (1976), mit Beitr. von KNAPP, G.; MÖKER, H.; NEUMANN-REDLIN, C.; OELKERS, K.-H.; ROHDE, P.; SCHLÜTER, W.; STEIN, V., unter Mitarb. von GRAMANN, F.; MATTIAT, B.; MÜLLER, P; RÖSCH, H.: Erläuterungen zu Blatt 4322 Karlshafen. — Geol. Kt. Nordrh.-Westf. 1 : 25 000, Erl., **4322:** 190 S., 14 Abb., 11 Tab.; 6 Taf.; Krefeld.

[81] LÖER, B.; Stadt Bielefeld, Wasserschutzamt (1994): Grundwasserbericht Bielefeld 1994. — 164 S., 35 Abb., 33 Tab., 6 Anl.; Bielefeld.

[82] MAY, F.; HOERNES, S.; NEUGEBAUER, H. J. (1996): Genesis and distribution of mineral waters as a consequence of recent lithospheric dynamics: the Rhenish Massif, Central Europe. — Geol. Rdsch., **85:** 782 – 799, 16 Abb., 1 Tab.; Berlin, Heidelberg.

[83] MEIBURG, P. (1983), mit Beitr. von BERNHARD, H.; BLUM, R.; HORN, M.; RAMBOW, D.; REICHMANN, H.: Erläuterungen zur Geologischen Karte von Hessen 1 : 25 000, Blatt Nr. 4521 Liebenau. — Geol. Kt. Hessen 1 : 25 000, Erl., **4521:** 175 S., 27 Abb., 13 Tab., 2 Beil.; Wiesbaden.

[84] MESTWERDT, A. (1913): Die Quellen von Germete bei Warburg und von Calldorf in Lippe. — Jb. kgl. preuß. geol. L.-Anst. [Jg. 1911], 32, **1:** 145 – 161, 1 Abb., 2 Taf.; Berlin.

[85] MICHEL, G. (1965): Zur Mineralisation des tiefen Grundwassers in Nordrhein-Westfalen, Deutschland. – J. Hydrol., 3: 73 – 87, 3 Abb. 1, Tab.; Amsterdam.

MICHEL, G. (1965/66): Über die mögliche Herkunft des mineralisierten Grundwassers im Münsterschen Becken. — Z. dt. geol. Ges. [Jg. 1963], **115:** 566 – 571, 4 Abb., 1 Tab.; Hannover.

[86] MICHEL, G. (1968 a): Das Verschließen der „Solquelle" Nateln. — bbr (Bohrtechnik, Brunnenbau, Rohrleitungsbau), **19:** 212 – 213, 2 Abb.; Köln.

[87] MICHEL, G. (1968 b): Grundwasser vom Natrium-Hydrogencarbonat-Chlorid-Typ im Nordosten des Münsterschen Beckens (Nordrhein-Westfalen). — bbr (Bohrtechnik, Brunnenbau, Rohrleitungsbau), **19:** 5 – 14, 3 Abb., 1 Tab.; Köln.

[88] MICHEL, G. (1969): Zur chemischen Charakteristik der Grenzzone Süßwasser/Salzwasser im Raum Bielefeld (Ostwestfalen). — Fortschr. Geol. Rheinld. u. Westf., **17:** 171 – 200, 10 Abb., 4 Tab.; Krefeld.

[89]   MICHEL, G. (1974): Die „Neue Martins-Quelle" (1973) in Laer, Landkreis Osna-brück. — Heilbad u. Kurort, **26:** 374 – 378, 3 Abb., 2 Tab.; Gütersloh.

[90]   MICHEL, G. (1975): Die Curanstalt Inselbad bei Paderborn — ein vergangenes und vergessenes Heilbad. — Z. angew. Bäder- u. Klimaheilkde., **22:** 37 – 44, 2 Abb., 1 Tab.; Stuttgart.

[91]   MICHEL, G. (1977): Ist das Versenken von Sole in Heilquellenschutzgebieten zweckmäßig und zu verantworten? — Heilbad u. Kurort, **29:** 24 – 31; Gütersloh.

[92]   MICHEL, G. (1980): Das Solevorkommen in Minden. — Heilbad u. Kurort, **32:** 273 – 276, 2 Abb., 1 Tab.; Gütersloh.

[93]   MICHEL, G. (1983 a): Die Sole des Münsterländer Kreide-Beckens. — N. Jb. Geol. u. Paläont., Abh., **166** (1): 139 – 159, 5 Abb., 2 Tab.; Stuttgart.

[94]   MICHEL, G. (1983 b): Sole im Münsterland — woher, wohin? — Heilbad u. Kurort, **35:** 66 – 76, 7 Abb., 3 Tab.; Gütersloh. — [Zugl. in: Schr.-R. dt. Bäderverb., **46:** 97 – 112, 7 Abb., 3 Tab.; Gütersloh]

[95]   MICHEL, G. (1984 a): Bad Laer — Ort der heraufsteigenden Wässer. — Heilbad u. Kurort, **36:** 179 – 182, 5 Abb., 1 Tab.; Gütersloh.

[96]   MICHEL, G. (1984 b): Die Heilquellen des Solbades Ravensberg. — 7 S., 2 Abb.; Borg-holzhausen (Solbad Ravensberg).

[97]   MICHEL, G. (1986): Das Thermalwasser von Köln. — Geol. Kt. Nordrh.-Westf. 1 : 100 000, Erl., **C 5106:** 56 – 57, 1 Abb.; Krefeld.

[98]   MICHEL, G. (1987): Bad Neuenahr. — Geol. Kt. Nordrh.-Westf. 1 : 100 000, Erl., **C 5506:** 53 – 55, 1 Abb.; Krefeld.

[99]   MICHEL, G. (1988): Würdigung der Heilquellen von Bad Salzuflen aus geologischer Sicht. — Heilbad u. Kurort, **40:** 264 – 269, 4 Abb., 1 Tab.; Gütersloh.

[100] MICHEL, G. (1990): Auf den Spuren der Sole. — Geol. Kt. Nordrh.-Westf. 1 : 100 000, Erl., **C 4310:** 2. Aufl.: 46 – 50, 3 Abb.; Krefeld.

[101] MICHEL, G. (1992): Aachen — Stadt der heißen Wässer. — Geol. Kt. Nordrh.-Westf. 1 : 100 000, Erl., **C 5502:** 73 – 77, 3 Abb., 1 Tab.; Krefeld.

[102] MICHEL, G. (1993): Bad Bentheim — Schwefel und Salz in der Wanne. — Geol. Kt. Nordrh.-Westf. 1 : 100 000, Erl., **C 3906:** 46 – 50, 3 Abb.; Krefeld.

       MICHEL, G. (1994 a): Geogenese der Inhaltsstoffe natürlicher Mineralwässer. — Mineralbrunnen, **44:** 130 – 134, 8 Abb.; Bonn.

[103] MICHEL, G. (1994 b): Wie kommt die Sole ins Revier? — Mitt. geol. Ges. Essen, **12:** 65 – 81, 5 Abb.; Essen.

[104] MICHEL, G. (1996): Die Erschließung der Bali-Therme (1995) in Bad Oeynhausen. — Heilbad u. Kurort, **48:** 163 – 165, 4 Tab.; Gütersloh.

       MICHEL, G.; ADAMS, U.; SCHOLLMAYER, G. (1996): Grundwasser in Nordrhein-Westfalen. Eine Bibliographie zur regionalen Hydrogeologie. — scriptum, **1:** 5 – 75, 5 Abb.; Krefeld.

[105] MICHEL, O.; MICHEL, G. (1990): Das „Emser Kränchen" — vom Heilwasser zum Aerosol. — Heilbad u. Kurort, **42:** 184 – 187, 3 Abb., 2 Tab.; Gütersloh.

[106] MICHEL, G.; NIELSEN, H. (1977): Schwefel-Isotopenuntersuchungen an Sulfaten ostwestfälischer Mineralwässer. — Fortschr. Geol. Rheinld. u. Westf., **26:** 185 – 227, 16 Abb., 1 Tab., 1 Taf.; Krefeld.

[107] MICHEL, G.; QUERFURTH, H. (1986): Erschütterungsmessungen bei Bohrlochtorpedierungen. — bbr (Brunnenbau, Bau von Wasserwerken, Rohrleitungsbau), **37:** 169 – 174, 7 Abb., 1 Tab.; Köln.

[108] MICHEL, G.; THIERMANN, A. (1981): Die Saline Gottesgabe bei Rheine/Westf. — Z. dt. geol. Ges., **132:** 859 – 879; 6 Abb., 1 Tab., 2 Taf.; Hannover.

MIELKE, U.; LINCKE, G. (1976): Heilkuren in Nordrhein-Westfalen. Ein Ratgeber für den Arzt, 4. Aufl. — 198 S., 1 Abb.; Gütersloh (Flöttmann).

Nordrhein-Westfälischer Heilbäderverband [Hrsg.] (1993/94): Heilkuren in Nordrhein-Westfalen. Ein Ratgeber für den Arzt. — 144 S., 5 Abb.; Lippstadt.

[109] PFEIFFER, D. (1960): Die Solen zu Bad Essen am Wiehengebirge. Geschichte – Hydrogeologie – Chemismus – Heilwirkung. — Mineralwasser-Ztg., **13:** 51 – 54, 4 Abb.; Stuttgart.

[110] PICKEL, H.-J.; SCHUBUTH, H. (1978): Die Thermalwasserbohrung Emstal. Ein neues Mineralwasservorkommen in Nordhessen. — bbr (Brunnenbau, Bau von Wasserleitungen, Rohrleitungsbau), **29:** 56 – 60, 5 Abb., 2 Tab.; Köln.

[111] PICKEL, H.-J.; SCHULZE, D. (1992): Fassungstechnische Probleme an einer Thermalwasserbohrung mit großen Kohlenstoffdioxidmengen und hohen Kopfdrücken. — Congr. SITH (Société Internationale de Technique Hydrothermale), 25., 1989, Bad Füssing, Proc.: 269 – 276, 2 Abb., 1 Tab.; München.

[112] PLUM, H. (1989): Genetische Klassifikation und geochemische Interpretation der Mineral- und Thermalwässer der Eifel und Ardennen. — Mitt. Ing.- u. Hydrogeol., **34:** 170 S., 55 Abb., 20 Tab., 1 Anl.; Aachen.

[113] POMMERENING, J. (1993): Hydrogeologie, Hydrogeochemie und Genese der Aachener Thermalquellen. — Mitt. Ing.- u. Hydrogeol., **50:** 168 S., 60 Abb., 16 Tab.; Aachen.

[114] POMMERENING, J. (1995): Neue Erkenntnisse zur Genese der Aachener Thermalquellen. — Mineralbrunnen, **45:** 3 – 9, 2 Abb., 1 Tab.; Bonn.

[115] REQUADT, H. (1990), mit Beitr. von AGSTEN, K.; DILLMANN, W.; FLICK, H.; FUHRMANN, U.; HÄFNER, F.; KIRNBAUER, T.; LIPPOLT, H. J.; MÜLLER, K.-H.; NESBOR, H. D.; PLAUMANN, S.; PUCHER, R.; SCHÄFER, P.: Erläuterungen Blatt 5613 Schaumburg, 2. Aufl. — Geol. Kt. Rheinld.-Pfalz 1 : 25 000, Erl., **5613:** 212 S., 53 Abb., 17 Tab., 1 Beil.; Mainz.

[116] RIBBERT, K.-H. (1994), mit Beitr. von REINHARDT, M.; SCHALICH, J.; VIETH-REDEMANN, A.: Erläuterungen zu Blatt 5404 Schleiden. — Geol. Kt. Nordrh.-Westf. 1 : 25 000, Erl., **5404:** 75 S., 10 Abb., 5 Tab., 2 Taf.; Krefeld.

[117] ROGGE, A. (1995): Die Quellen von Bad Pyrmont. — Schr.-R. dt. Bäderverb., **60:** 56 – 64, 4 Abb., 1 Tab.; Gütersloh.

78

[118] SCHENK, E. (1956): Die Roisdorfer Mineralquellen. — Decheniana, **108:** 197 – 224, 8 Abb.; Bonn.

[119] SCHERLER, P.-C. (1980): Zur hydrogeologischen Situation der Heilquellen von Bad Münder. — In: Die Entwicklung des Kurbades Bad Münder: 7 – 10, 2 Abb.; Bad Münder (Kurverwaltung).

[120] SCHERLER, P.-C. (1991): Mineralwässer in Niedersachsen. — Veröff. niedersächs. Akad. Geowiss., **7:** 44 – 55, 3 Abb., 1 Tab.; Hannover.

[121] SCHERLER, P.-C.; HAHN, J. (1992): Balneologische Nutzung von Solequellen in Niedersachsen. — Veröff. niedersächs. Akad. Geowiss., **8:** 44 – 57, 8 Abb., 1 Tab.; Hannover.

[122] SCHLIMM, W. (1983): Mineral- und Thermalwasser aus Grefrath. — Heimatb. Kreis Viersen, **1983:** 212 – 221, 2 Abb.; Viersen.

[123] SCHMIDT, W. (1958): Der Sauerbrunnen vom Heilstein — eine in Vergessenheit geratene Kohlensäure-Quelle in der Nord-Eifel. — Heilbad u. Kurort, **10:** 172 – 176, 5 Abb.; Gütersloh.

[124] SCHNEIDER, H.; THIELE, S. (1965): Geohydrologie des Erftgebietes. — 185 S., 75 Abb., 3 Tab., 2 Taf.; Düsseldorf (Minist. Ernähr., Landwirtsch. u. Forsten Land Nordrh.-Westf.).

[125] SCHWILLE, F. (1961): Die Mineralquellen des Mittelrheingebietes. — Dt. gewässerkdl. Mitt., **5:** 110 – 117, 7 Abb.; Koblenz.

[126] SEMMLER, W. (1980 a): Der stadteigene Mineralwasserbrunnen Sollingstraße 2 a in Essen. — Mitt. geol. Ges. Essen, **9:** 6 – 23, 7 Abb.; Essen.

[127] SEMMLER, W. (1980 b): Die „Assindia-Quelle" in Essen-Kray. — Mitt. geol. Ges. Essen, **9:** 64 – 84, 6 Abb.; Essen.

[128] SEMMLER, W. (1981): Die Schloßquelle in Essen-Borbeck. — Mitt. geol. Ges. Essen, **10:** 22 – 37, 5 Abb.; Essen.

[129] SIEBERT, G. (1974): Das Grundwasser im Krefelder Raum. — Fortschr. Geol. Rheinld. u. Westf., **20:** 281 – 306, 7 Abb., 4 Tab.; Krefeld.

[130] SKUPIN, K. (1985), mit Beitr. von DAHM-ARENS, H.; MICHEL, G.; WEBER, P.: Erläuterungen zu Blatt 4317 Geseke. — Geol. Kt. Nordrh.-Westf. 1 : 25 000, Erl., **4317:** 155 S., 16 Abb., 12 Tab., 2 Taf.; Krefeld.

[131] SKUPIN, K. (1995), mit Beitr. von JÄGER, B.; MICHEL, G.; SCHNEIDER, F. K.; VIETH-REDEMANN, A.: Erläuterungen zu Blatt 4316 Lippstadt. — Geol. Kt. Nordrh.-Westf. 1 : 25 000, Erl., **4316:** 162 S., 18 Abb., 8 Tab., 2 Taf.; Krefeld.

[132] SKUPIN, K. (1996), mit Beitr. von MASLOWSKI, H.; MICHEL, G.; MILBERT, G.; PAHLKE, U.: Erläuterungen zu Blatt 4216 Mastholte. — Geol. Kt. Nordrh.-Westf. 1 : 25 000, Erl., **4216:** 153 S., 16 Abb., 12 Tab., 2 Taf.; Krefeld.

[133] STENGEL-RUTKOWSKI, W. (1967): Einige neue Vorkommen von Natrium-Chlorid-Wasser im östlichen Rheinischen Schiefergebirge. — Notizbl. hess. L.-Amt Bodenforsch., **95:** 190 – 212, 6 Abb.; Wiesbaden.

[134] STOCKMANN, C.; STOCKMANN, A. (1995): Die Geschichte der Saline Gottesgabe unter besonderer Berücksichtigung der letzten 100 Jahre. — 480 S., 85 Abb.; Rheine.

[135] THIERMANN, A. (1970), mit Beitr. von DAHM-ARENS, H: Erläuterungen zu Blatt 3712 Tecklenburg. — Geol. Kt. Nordrh.-Westf. 1 : 25 000, Erl., **3712:** 243 S., 22 Abb., 10 Tab., 7 Taf.; Krefeld.

UDLUFT, H. (1953): Über eine neue Darstellungsweise von Mineralwasseranalysen II. — Notizbl. hess. L.-Amt Bodenforsch., **81:** 308 – 313, 1 Taf.; Wiesbaden.

UDLUFT, H. (1957): Zur graphischen Darstellung von Mineralwasseranalysen und von Wasseranalysen. — Heilbad und Kurort, **9:** 173 – 176, 16 Abb., 12 Tab.; Gütersloh.

[136] WORTMANN, H. (1971), mit Beitr. von MICHEL, G.; REHAGEN, H.-W.: Erläuterungen zu den Blättern 3617 Lübbecke und 3618 Hartum. — Geol. Kt. Nordrh.-Westf. 1 : 25 000, Erl., **3617, 3618:** 214 S., 24 Abb., 13 Tab.; 3 Taf.; Krefeld.

Karten

Geologie (1976). – Dt. Planungsatlas, **1** (8): 2 Kt. 1 : 500 000, mit Erl. u. Textbeil. — Hrsg. Akad. Raumforsch. u. Landesplan., Bearb. DAHM, H.-D.; DEUTLOFF, O.; HERBST, G.; KNAPP, G.; THOME, K. N., mit Beitr. von BACHMANN, M.; BRAUN, F. J.; DROZDZEWSKI, G.; GLIESE, J.; GRABERT, H.; HAGER, H.; HILDEN, H. D.; HOYER, P.; LUSZNAT, M.; THIERMANN, A.; Hannover (Schroedel).

Hydrogeologie (1978). — Dt. Planungsatlas, **1** (18): 1 Kt. 1 : 500 000, mit Erl. u. Textbeil. — Hrsg. Akad. Raumforsch. u. Landesplan., Bearb. DEUTLOFF, O.; Hannover (Schroedel).

Mineral- und Heilwasservorkommen in Hessen 1 : 300 000 (1985). — Hrsg. Hess. L.-Amt Bodenforsch., Bearb. HÖLTING, B.; Wiesbaden.